舌尖滋味

——闽菜烹调

主　编　蔡健康　薛伟强　曾永福

副主编　张文渊　吴丽珍　钟春玉

　　　　陈玉池

参　编　曾建雄　胡丽强　杨金秋

　　　　张世明　张雨彤

合肥工業大學出版社

图书在版编目(CIP)数据

舌尖滋味：闽菜烹调/蔡健康，薛伟强，曾永福主编.—合肥：合肥工业大学出版社，2023.6

ISBN 978-7-5650-6223-0

Ⅰ.①舌… Ⅱ.①蔡… ②薛… ③曾… Ⅲ.①闽菜-菜谱 Ⅳ.①TS972.182.57

中国版本图书馆CIP数据核字（2022）第239980号

舌 尖 滋 味

——闽菜烹调

主编 蔡健康 薛伟强 曾永福 责任编辑 袁 媛

出 版	合肥工业大学出版社	版 次	2023年6月第1版
地 址	合肥市屯溪路193号	印 次	2023年6月第1次印刷
邮 编	230009	开 本	787毫米×1092毫米 1/16
电 话	基础与职业教育出版中心：0551-62903120	印 张	8.25
	营销与储运管理中心：0551-62903198	字 数	160千字
网 址	press.hfut.edu.cn	印 刷	安徽联众印刷有限公司
E-mail	hfutpress@163.com	发 行	全国新华书店

ISBN 978-7-5650-6223-0 定价：78.00元

它能教会你做菜

——记黎明·五洲餐饮产业学院校企合编实训教材

五洲佳豪集团与黎明职业技术学院合作已经10年了。在这10年里，我们的合作逐步走向深化，专业与技术的融合也不断加深。我们共同培养了一批又一批的优秀烹饪人才，近几年来在各类比赛中获得省级以上的金牌74枚、银牌55枚、铜牌50枚；其中还有两位学生获国赛金奖并进入教育部人才库。

五洲佳豪集团的闽菜技能大师工作室与黎明职业技术学院的技能大师工作室共同研发了诸多新菜品，经过一年多系统的整理，从中精心挑选出100多道精致、美味的闽菜汇编成册。这些菜品既具有五洲佳豪酒店的特色，又从人们喜好的角度进行了改良和提升。本教材中既提供了这些菜品的烹饪方法和技能要求，还为菜品分析了营养成分，有的菜品还撰写了生动的典故……这些都充分体现了闽菜丰富的内涵。

这是一本有生命力的教材，是校企合作、产教融合的成果。教材图文并茂，色彩绚丽，文字简短明了，可读性强，操作性更强。

希望我们的用心，对学做菜的你有所帮助！

福州五洲佳豪酒店投资有限公司

执行董事：蔡健康

目　　录

中式烹调与闽菜特点

中式烹调技艺在漫长的历史发展过程中，通过继承、发扬与创新，且不断融合各民族的智慧与文化，从而具有了鲜明的民族特色和地域特征，同时也形成了风格迥异的风味流派。总体而言，中式烹调主要有以下几个特点：

取材广泛，选料讲究

中式烹调在原料选择上丰富多样，烹调选料除了要讲究鲜活外，还要注重产地、季节、品种、部位、质地等，以适应不同的烹调方法和地方风味。例如，甲鱼、鲥鱼、桃花虾在桃花盛开的季节为最肥；黄海、渤海产量较多的梭子蟹，在中秋时节肉最饱满；火腿以金华、宣威为最好；鳊鱼以湖北樊口质量好；家畜各个部分的肉质量不同，不同的菜肴要选用不同位置的肉，如“红烧肉”“米粉肉”讲究用带皮五花肉，“油爆肚仁”一定要用肚头；用鸡做菜一般要用当年小嫩鸡，吊汤要用老鸡；盐水鸭用老鸭滋味好、补益性强，烤鸭则用饲养三个多月的幼鸭，脂厚肉嫩。

刀工精湛，配料巧妙

中式烹调讲究刀工，这在世界上也是绝无仅有的。在中式烹调中，为了加热、造型、消化和文明饮食的需要，可将原料加工成整齐划一的条、丝、丁、片、块、段、米、粒、末、茸等形状，还可以通过混合刀法，将原料加工成麦穗、荔枝、蓑衣、梳子、菊花等花刀，以达到美化菜肴的目的。中国人擅用筷子，也主要得益于使用刀工后原料体形的小巧。

中式烹调讲究合理配料，主要体现在色泽、形状、质地、口味、营养、食疗等方面：在配色方面讲究顺色配和俏色配，目的是协调色泽、突出主料；在形状方面一般是丝配丝、条配条、丁配丁、片配片，辅料不能大于主料；在质地方面，讲究脆配脆、软配软等；在味道上讲究原料本味，同时辅料要突出，以烘托主料的味道，中餐大部分菜肴中常用的笋片和火腿就起到了这样的作用；在营养方面讲究荤素搭配，为人们提供合理全面的营养素，保持人体内的酸碱平衡。

调和重味，味型丰富

味是菜肴的灵魂。食无定味，适口者珍，原料的天赋之味并非样样迷人，因此依赖调味手段，根据各种调料的化学性质，巧妙地进行组合，才能驱除腥膻臊臭，突出原料原有的美味。中餐中常用的小葱、生姜、蒜头、醋、料酒、白糖、食盐以及各种香料都具有去异增味的作用。世界上公认中国菜好吃的主要原因之一便是其味型多样，主料、辅料、调味料都含有成分不同的呈味成分，以酸、甜、苦、辣、咸、鲜、香、麻等为基本味，经过不同方法的烹制，在不同阶段合理投料，可以调和出无数种味型，如鱼香、麻辣、荔枝、糖醋、红油、家常、怪味、蒜香、咸鲜、辣咸、香辣、姜汁、酱香、麻酱、椒麻等。

注重火候，技法多样

在烹调的过程中注意掌握和调节给原料加热的火候，注意加热时间和火力大小是一道菜肴成菜的关键。在中式烹调技艺中，有的用旺火短时间加热，有的用慢火长时间烹调，还有的用大、中、微火交替进行，以使菜肴形成滑、酥、脆、嫩等不同的口感。

菜品繁多，讲究盛器

美食和美器同样重要，精美典雅的盛器能使好菜肴锦上添花。用烹调原料做造型文章，其雕琢的空间毕竟是有限的，但结合原料的自然形色，巧用各式各样的美器，却很能起到表情达意的作用。多种多样的盛器与众多美食之间大体构成这样的关系：整禽、整鱼宜用腰盘，煎炒爆熘宜用圆碟，汤羹甜菜宜用海碗，精炖焖煨宜用陶砂，涮煮羊鱼宜用火锅，酱菜醋姜宜用白盏。食与器的完美结合，充分体现了我国独特的饮食文化特色。

中西结合，借鉴求新

中式烹调在继承优秀传统的同时，还善于结合本民族的饮食特点，借鉴西餐烹调的一些优点，主要表现在原料的选择、调料的使用、加热方法的改进及工艺的革新等方面。如咖喱粉、吉士粉、番茄酱、鸵鸟肉、铁板烧等西餐材料和烹调工艺等在中餐中已经常用了；有的中餐调味品用于西餐烹调技法中，有的在中式烹调技法中添加西餐调味品，这方面上海、广东的饮食企业在保持民族特色的基础上做得比较好。同时，借鉴求新还表现在不同地区中式烹调之间的交流中。由此可见，社会的发展繁荣与人类的广泛交往，是中式烹调创新的真正动力。

闽菜的烹调技艺，继承了我国中式烹调的优良传统，又具有浓厚的地域特色。尽管福建山海物产丰富，八闽各地菜肴各有特色，但仍为完整而统一的体系。不同风味的存在，使人感到它变化有方，常吃常新，百尝不厌。现在人们的饮食观念越来越重视营养、健康，也越来越讲究饮食的文化底蕴和风味特色，我们作为新时代餐饮人，在学习烹调技艺的时候，既要了解传统饮食文化，又要不断发展创新。

依山傍海是福建的地理特征，海岸线曲折绵长，海鲜品质丰富，是闽菜系列里重要食材来源，福州、莆田以及闽南地区做家常菜中出现最多的应该是海蛏、海蛎等滩涂小海鲜，营养丰富又鲜美可口，例如海蛎煎、炸海蛎、海蛎汤、海蛎饼、酱油煮海蛎……关于海蛎的吃法简直数不胜数，风味各异。从烹调与营养的观点出发，闽菜系列始终把烹调和确保质鲜、味纯、营养紧密联系一起，如“茶香牛仔骨”“深沪甜芋”“小黄鱼炒豆芽”“淮山焖蟹”等，以清鲜、和醇、浓郁、不腻等风味特色为中心，食材搭配丰富多彩，口味变化无穷，构成闽菜别具一格的风味。

味美可口是人们对菜肴的共同要求，具有营养、滋补的食疗功效也是闽菜特色之一。这一特征的形成，与中原文化、古越文化的交融有着紧密的联系，也与烹调原料善用地方特产有关，如“茶油爆乌鸡”“笋干焖猪手”等。闽菜厨师在长期的实践中积累了丰富的经验，他们根据不同的原料、不同的刀工和不同的烹调方法，在融合创新过程中不断吸纳新的菜式风格，如“小蚌炒鸽脯”，选材有海鲜、禽肉、蔬菜与菌菇，是一道经典创新菜肴，味中有味，口感清爽，营养丰富，独具闽菜系的风味特点。

总体而言，福建地形背山面海，东南部为沿海，西北部多为山地丘陵。沿海与山区地形各异、气候不一、物产不同、饮食文化各有特色，所以闽菜也分为海路菜与山路菜。海路菜以沿海区域的海鲜为主，其特点是清、淡、鲜、脆。山路菜是以靠山的山珍为主，其特点是香、咸、浓、鲜。闽菜的特点和独到之处可总结为以下几点：

第一，闽菜味鲜。闽菜食材主要以海鲜、河鲜为主，所以闽菜的味道特别鲜美。即便烹制陆地产的食品，如牛、羊、猪、家禽、菜蔬等，也往往搭配海产品，如虾干、蛏干、贝类等以此增味，如“蛏干羊肚汤”“目鱼猪手”“鸡汤汆海蚌”“干贝冬瓜汤”“海蛎豆腐汤”等。

第二，闽菜讲究原汁原味。烹制闽菜多保持食材的天然味道，所以闽菜多白灼、凉拌与生吃，如“白灼虾”“白灼鱿鱼”“凉拌海蜇”等，这些菜肴的味道清淡鲜脆、香甜可口。

第三，闽菜讲究制汤。大凡闽菜的汤类菜肴均为高汤，制汤的方法有煮、熬、炖、煲、煨等。福建人喜欢喝汤，所以闽菜在烹制海鲜、河鲜、肉类、禽类食品时，多烹制成汤类菜肴。这些食材富含蛋白质，本味就非常好，所以无论煮、熬、炖、煲、煨等方法制作出来的菜肴，其汤都是香浓清醇，味道特别鲜美。

第四，闽菜的调料、佐料颇有特色。除了酱油、食盐、白糖、醋、味精、蛤晶、胡椒等常用的调料之外，还善用红糟、红曲、姜葱、咖喱、番椒、沙茶酱、花生酱、芥末、药材、佳果等。其中的红糟调味，可谓独步江湖，有炝糟、拉糟、煎糟、醉糟等，所以烹制出来的菜肴别具风味。

第五，闽菜常用烹饪技法有煎、炒、烹、炸、熘、氽、醉、涮、烩、炖、煸、蒸、煲、煨、煮等。

相信通过本课程的学习，同学们对中式烹调技艺尤其是闽菜制作技艺会有一定的认识，同时通过自我实践，大家会很快地掌握闽菜的制作技艺。

闽菜佳肴食话

◎ 佛跳墙的典故

佛跳墙又名福寿全。相传清光绪二十五年（1899），福州官钱局一官员宴请福建布政使周莲，他为巴结周莲，令内眷亲自主厨，用绍兴酒坛装鸡、鸭、鸽蛋及海产品等10多种原、辅料，煨制而成，取名福寿全。周莲尝后，赞不绝口。后来，衙厨郑春发学成烹制此菜方法后加以改进，到郑春发开设“聚春园”菜馆时，即以此菜轰动榕城。有一次，一批文人墨客来尝此菜，当福寿全上席启坛时，荤香四溢，其中一秀才心醉神迷，触发诗兴，当即曼声吟道：“坛启荤香飘四邻，佛闻弃禅跳墙来。”从此此菜即改名为佛跳墙。

佛跳墙之煨器，多年来一直选用绍兴酒坛，坛中有绍兴名酒与食料调和。煨佛跳墙讲究储香保味，料装坛后先用荷叶密封坛口，然后加盖。煨佛跳墙之火种乃严选质纯无烟的炭火，旺火烧沸后用微火煨五六个小时而成。在煨制过程中几乎没有香味冒出，反而在煨成开坛之时，只需略略掀开荷叶，便有酒香扑鼻，直入心脾。盛出来的汤是汤浓色褐，却厚而不腻。食时酒香与各种香气混合，香飘四座，烂而不腐，口味无穷。

真正让佛跳墙名扬四海的是它作为国菜代表用在国宴上，接待过西哈努克亲王、美国总统里根、英国女王伊丽莎白二世等国家元首，并深受赞赏，此菜因而更加闻名于世。

◎ 海蛎煎的典故

海蛎煎又称蚝仔煎，为享誉海内外的闽南地区最具特色的传统小吃。

传说是在宋徽宗时期，河南开封将门之子张蕴，因抗金负伤，受到朝廷褒奖特许到海边疗伤，来过福建。后来，张蕴出征安南，吃到泉州海蛎汤后很兴奋，便命人用海蛎与绿豆粉做成羹慰劳士兵，这是最初的海蛎煎。明万历二十一年（1593），福建长乐人陈振龙从吕宋岛带回了番薯。是年，闽中大旱，番薯成为救灾推广的品种，吃不完也可以制成番薯粉。同样，礁石上的海蛎也被挖来充饥，因数量有限，当地人则将其与番薯粉蒸煮煎炒。到了清朝，闽浙总督李鹤年（1871—1875年在任）吃到的海蛎煎，已是发展成掺入少许的葱花、蒜丝，配上鸡蛋、肉片，煎熟后，再以乌醋、辣椒酱等调料拌和的小吃，这也是我们今天在闽南大街小巷看到的海蛎煎。

至于海蛎煎是如何传入台湾的，据民间传闻，明末清初荷兰军队占领台南，郑成功率兵从鹿耳门攻入，势如破竹大败荷军。荷军为了困退郑军，把米粮全都藏匿起来。郑军在缺粮断食之时急中生智，就地取材将沿海岸礁石上盛产的海蛎与番薯粉混合加水煎成饼以饱腹充饥，想不到竟流传民间，成为风靡于世的特色小吃。

另一种比较有根可循的说法是，海蛎煎是随着郑成功大军和福建、广东潮汕移民的迁入，带入了台湾，成为海峡两岸人民共同喜爱的美味佳肴。如今，台湾的海蛎煎与闽南地区的海蛎煎在制作工艺上仍具有高度的一致性。

◎ 菌香灵芝豆腐

关于豆腐的起源，历来说法很多：一说是孔子时代即有豆腐；一说是豆腐始于西汉淮南王刘安，此说法支持者甚多，自宋以来长期流传。

淮南王刘安，是西汉高祖刘邦之孙，公元前164年封为淮南王。刘安雅好道学，欲求长生不老之术，不惜重金广招方术之士，其中较为出名的有苏非、李尚、田由、雷被、伍被、晋昌、毛被、左吴八人，号称“八公”。刘安与八公相伴，登北山而造炉，炼仙丹以求寿。他们取山中“珍珠”“大泉”“马跑”三泉清冽之水磨制豆汁，又以豆汁培育丹苗，不料炼丹不成，豆汁与盐卤化合成一片芳香诱人、白白嫩嫩的东西。当地胆大农夫取而食之，竟然美味可口，于是取名“豆腐”。北山从此更名“八公山”，刘安也于无意中成为豆腐的发明者。

宋元以后，豆腐文化更加广为流传，许多文人名士也走进传播者的行列。北宋大文豪苏东坡善食豆腐，元祐二年至元祐四年（1087—1089）任杭州知府期间，曾亲自动手制作东坡豆腐。南宋诗人陆游也在自编《渭南文集》中记载了豆腐菜的烹调方法。更有趣的是清代大臣宋荦关于康熙皇帝与豆腐的一段记载：时值康熙南巡苏州，皇帝新赐大臣的不是金玉奇玩，而是颇具人情味、乡土气的豆腐菜。

自故至今，豆腐新菜品层出不穷。2006年初秋，五洲佳豪酒店开展了“9·9防三高营养配餐美食节”。为寻找食材，吴志强大师以健康养生为理念，萃取灵芝孢子粉为辅料，融和黄豆豆浆，遵循古法，秘制成灵芝豆腐，再以云南易门野生菌熬制的菌汤为底，将灵芝豆腐泡煮2.5个小时，成品菜因口感鲜嫩、味醇浓香获得客人好评。后来，本菜代表酒店参赛，多次因养生、时尚的创新特色获得高奖。

◎ 金汤烩笋丝

金汤烩笋丝的做法，源于谭家菜经典代表之作“黄焖鱼翅”，谭家菜由清末官僚谭宗浚的家人所创。同治十三年（1874），广东南海县人谭宗浚，殿试中一甲二名进士（榜眼），入京师翰林院为官，居西四羊肉胡同，后外放四川、江苏、云南等地为官。谭宗浚一生酷爱珍馐美味，亦好客酬友，常于家中作西园雅集，亲自督点，炮龙蒸凤。他与儿子刻意饮食并以重金礼聘京师名厨，得其烹饪技艺，将广东菜与北京菜相结合而自成一派，中国历史上唯一由翰林创造的“菜”——谭宗菜自此发祥。

金汤烩笋丝中的黄焖汁在传统做法上，结合现代人养生理念，以金瓜泥调和鸡汤，致汤香而不腻，有其独到之处；其辅料马蹄笋取自台湾优良的笋种——绿竹笋，口味清爽、甘甜，植物纤维细腻、营养丰富，具有清凉解毒、美容保健等保健价值。

此菜先将马蹄笋改刀切细丝，形似鱼翅，放至调味好的鸡汤中煨制20～30分钟，倒出汤汁；然后扣入碗中，淋上金汤汁，再撒几根切得精细的火腿丝。金汤靓丽，略呈黄金色，味道鲜美，笋丝爽脆香口，营养价值极高。

◎ 炸醋肉

醋肉是闽南一道极具名气、人气的特色小吃。它外表金黄，形似北方的小酥肉，吃起来外酥里嫩，带着淡淡的醋香，既可当零食解馋，也可佐酒加料，无论是在星级酒店的豪华盛宴上、街边的面线糊摊上，或是在普通市民家中的餐桌上，都可以见到它的身影。

醋肉的由来已无从考证，但在闽南年夜饭的餐桌上却占据着重要的位置。闽南除夕夜的团圆饭称作“围炉”，这是因为过去桌子上放着小烘炉，一家人围吃火锅，又可以取暖，如今多用电火锅代替。除夕夜，远在异乡的游子，即使在交通不便的过去，即使是远走南洋，他们也会争取在这一天赶回家乡“围炉”。全家人围在暖烘烘的小炉旁痛饮畅谈，述旧岁展未来，共享团圆之乐！闽南人家一般在年前农历二十八开始备年货，炸制了很多腌肉、腌鱼，便于祭祀、亲朋好友来访时下酒，或是家人围炉时做配料。其中醋肉选材简单，用知名的永春老醋加上酱油腌制，拍上番薯粉，一番油炸后，可放置一个礼拜不会坏。食用时，下油锅再加热或是直接做配料煮食都是十分方便，后来逢年过节，闽南普通人家里都会备着醋肉以及炸带鱼、炸五香、炸海蛎等很多油炸风味小食，留作待客佐酒用。

◎ 湖头炒米粉

安溪的湖头米粉是选用优质白米，用细筒精制而成的。它采用的水是从高耸入云的五阆山流下的甘泉，含有多种矿物质。相传，“八仙”中的铁拐李大仙漫游大地，路过湖头，发现五阆山下清流直涌，明亮透彻。他便饮此甘泉，顿感清凉止渴，心旷神怡，是少有的“仙气灵水”。后人用此泉水制作用米粉，并将晒场设在日照时间长、辐射强烈的兰溪畔沙滩下，起到上晒下烘的作用。所以，制成后的湖头米粉白如晶冰，细如青丝，韧如胶簧，松如花絮。每一条都甚是均匀，犹如白色蚕茧般润泽。

清康熙二十一年（1682）初，因平定了“三藩之乱”，康熙皇帝决定于上元节赐宴群臣，共贺太平。当消息传至福建安溪时，正在家乡的内阁学士李光地和叔叔李日煜、堂兄李光斗商量如何为这一次的“升平嘉宴”增辉添彩。当时安溪湖头一带山高水险、林密虎多，山寨大王也不少，百姓生活极为艰难，实在无物上贺。李光地童年时曾被永春帽顶寨大王林日胜捉上山寨，后被安溪县城东岳庙和尚德辉禅师救出。未回家前，李光地在东岳庙学过做米粉。此时，李光地忽然想起湖头泉水制作的米粉，口感柔韧细腻，不如把米粉做成粗条再晒干好带上朝去，到时自己还可当众表演吃法。叔叔和堂兄都说如此甚好，但北方人喜食干食，御前亦难汤水淋漓，他们建议将米粉与湖头的笋丝、香菇同炒，味道更可显得与众不同。这样，李光地便把肉丝、虾仁、香菇炒熟，加入适量肉骨汤、米粉入锅快速翻炒后倒入瓷盘。这样做出来炒米粉味道鲜美，带入京城后竟成为康熙“升平嘉宴”中宴请大臣、翰林和有功之臣且具泉州地方特色的美味食品。此后，湖头米粉便成为了贡品，亦是湖头的传统特产之一。

◎ 美味烟笋

福建境内各山，素有“八山一水一分田”之说。福建的森木覆盖率居全国首位，是一个天然氧吧、绿色宝库。这里盛产各种各样的美味竹笋，而“烟笋”则是其中颇具代表性的竹林瑰宝，被誉为“竹林海参”。在遮天蔽日竹林中，鲜嫩爽脆的一根根竹笋被采集到一起，剥去层层外壳后用清澈甘润的井冈山泉水一煮，顿时香气四溢，再用木炭文火焙烤至干，熏制成黑褐色的笋干，这就是“烟笋”。这样做不仅仅是为了便于储存和运输，更主要是因为这样加工而成的笋干具备了一种独有的风味，令人一尝便难忘。

烟笋的吃法很多，有水煮烟笋、烟笋烧五花、烟笋炒腊肉，等等。烟笋受人青睐，“美味”只是原因之一，“健康”则是原因之二：烟笋富含的长纤维对人类的肠胃内壁具有极好的“清扫”功能，是消化道的优秀“清道夫”，长期食用烟笋，能够促进排便、预防便秘。还有第三个重要原因，那就是“营养”：烟笋富有植物蛋白以及钙、磷、铁等人体必需的营养成分和微量元素，纤维素含量也很高。因此，中医认为，春笋有“利九窍、通血脉、化痰涎、消食胀”的功效，具有吸附脂肪、促进食物发酵、有助消化和排泄的作用，所以常食烟笋对单纯性肥胖者大有益处。

模块一 凉菜制作

知识目标

1. 了解各种凉菜主料的特点。
2. 了解各种凉菜的营养。

技能目标

1. 掌握各种凉菜制作需要的主料、辅料、调味料的种类和用量。
2. 掌握各种凉菜的烹调方法、制作方法和操作要点。

素质目标

培养精益求精的工匠精神

凉菜菜肴是现代宴席中不可缺少的一类菜品，也是中国烹饪文化中的重要内容。凉菜菜肴推动着中国饮食文化的发展，在世界烹饪文化的进程中具有举足轻重的作用。

制作好凉菜拼盘，烹饪者需要有精益求精的工匠精神，不仅要掌握好各种凉菜的烹制方法，练好烹饪的基本功，尤其是要具有纯熟的刀工技法，而且还要具备一定的美术功底和创意能力，这样才可以设计制作出色泽搭配合理、雅致大方、构思巧妙的拼盘来。

工匠精神是一种职业精神，它是职业道德、职业能力、职业品质的体现，是从业者的一种职业价值取向和行为表现。工匠精神的基本内涵包括敬业、精益、专注、创新等方面的内容。“术业有专攻”，一旦选定行业，就应一门心思扎根下去，心无旁骛，在一个细分产品上不断积累优势，在各自领域成为“领头羊”。

思考讨论：

烹饪专业的学子如何在日常学习中养成工匠精神?

项目一 特色萝卜皮

主　　料：白萝卜1000克。

辅　　料：野山椒100克。

调 味 料：食盐15克、冰糖200克、生抽15克、白醋100克、陈醋50克、白糖100克、鲜味汁50克。

烹调方法：泡。

制作方法：1. 新鲜白萝卜刷洗干净后晾干水分，用刀将萝卜皮削成稍厚的长条状，再改刀切成斜片。

2. 萝卜皮削完后装在干净无油的不锈钢盆中，放入适量食盐、白糖进行腌渍，约4小时后捞出腌好的萝卜皮，用凉开水冲洗后沥干水分备用。

3. 将生抽、白醋和陈醋、鲜味汁、冰糖、野山椒等调味料和配料装在不锈钢小盆中，用大火烧开转小火熬至冰糖全部溶化，关火后冷却成料汁。

4. 萝卜皮装入干净无油的玻璃瓶内，用漏斗将料汁慢慢倒入瓶内，萝卜皮完全浸泡在料汁中，拧紧瓶盖，置于冰箱冷藏3～5天即可食用。

操作要点：注意泡制萝卜皮的器具不能沾油。

特　　点：萝卜皮爽脆可口，酸甜开胃。

营　　养：萝卜营养丰富，含有丰富的碳水化合物和多种维生素，其中维生素C的含量比梨高8～10倍，可以帮助消化、增加食欲。

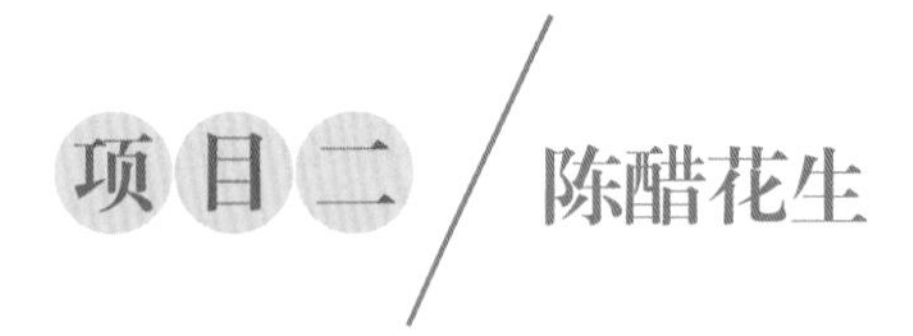

项目二 陈醋花生

主　　料：花生500克。

辅　　料：香菜15克、蒜头50克。

调 味 料：食盐15克、香醋100克、白糖60克。

烹调方法：泡。

制作方法：1. 花生洗净，入油锅翻炒，直到花生变色，捞起，晾凉。

2. 将香菜、蒜头切碎备用。

3. 在碗里中倒入食盐、香醋、白糖搅拌均匀。

4. 将凉透的花生米、调味汁倒入保鲜盒，同时放入香菜和蒜头，盖上盖子，摇一摇，待搅拌均匀即可装盘。

操作要点：注意花生炒制时间。

特　　点：花生酥香，酸中带甜。

营　　养：花生含有蛋白质、脂肪、糖类、维生素A、维生素B_6、维生素E、维生素K，以及矿物质钙、磷、铁等营养成分，含有多种人体所需的氨基酸及不饱和脂肪酸，还含有卵磷脂、胆碱、胡萝卜素、粗纤维等物质。

项目三 / 酸辣藕带

主　　料：藕带500克。

辅　　料：山椒50克、生姜50克。

调 味 料：食盐10克、白醋100克、白糖30克、芝麻油5克。

烹调方法：泡。

制作方法：1. 把清洗好的去皮藕带，焯水，切小段。

2. 将山椒、生姜、食盐、白醋、白糖、芝麻油调成酸辣汁，泡制藕带，放冰箱冷藏4小时以上即可。

操作要点：注意藕带不能裸露在空气中太久，不然会被氧化变色。

特　　点：藕带爽脆可口，酸辣开胃。

营　　养：藕带中含有丰富的黏液蛋白和膳食纤维，适当食用一些藕带，可以促进人体的消化功能，减少人体对于脂类的吸收。

项目四 陈醋凤爪

主　　料：凤爪500克。

辅　　料：小米椒30克、生姜50克、小葱30克、蒜头30克。

调 味 料：食盐10克、陈醋100克、白糖50克、切片的柠檬5克、八角5克、花椒10颗、冰糖15克、料酒10克。

烹调方法：泡。

制作方法：1. 将凤爪指甲剪去，冷水泡30分钟，倒掉血水后洗净捞出。

2. 凤爪放入锅中加水、小葱、生姜、料酒、八角、花椒煮开后，加盖焖3分钟。

3. 煮好的凤爪过凉水洗净，切开，冲凉水，冲净油渍。

4. 将生姜、蒜头切末，取一个干净容器，依次放入姜末、蒜末、冰糖、食盐、白糖、小米椒（小米椒根据个人口味适量添加）、陈醋、切片的柠檬等，制成料汁，将凤爪放入浸泡，第二天即可食用。

操作要点：凤爪泡煮时要中小火，防止表皮破损。

特　　点：脆香鲜辣，开胃生津。

营　　养：凤爪含有丰富的脂肪，为人体提供必需的脂肪酸，可以促进脂溶性维生素的吸收。

项目五 红油笋丝

主　　料：马蹄笋500克。

辅　　料：红椒10克、蒜头10克、香菜10克。

调 味 料：食盐5克、味精5克、白糖10克、芝麻油5克、红油10克。

烹调方法：拌。

制作方法：1. 笋切丝焯水备用，红椒切丝、香菜切段、蒜头切丝备用。

2. 将主辅料一起用调味料拌制入味，装盘即可。

操作要点：笋改刀要均匀，便于更好入味，同时会更加美观。

特　　点：笋丝爽脆，香辣开胃。

营　　养：马蹄笋含有丰富的植物蛋白以及钙、磷、铁等人体必需的营养成分和微量元素，特别是膳食纤维含量很高。食用马蹄笋有助于消化、防止便秘。

项目六 凉拌苦菊

主　　料：苦菊250克。

辅　　料：蒜泥10克。

调 味 料：食盐5克、生抽10克、味精5克、香醋10克、芝麻油5克。

烹调方法：拌。

制作方法：1. 苦菊洗净控干水分。

2. 备好的调味料和蒜泥倒入碗中，搅拌均匀，调成碗汁备用。

3. 上菜时将苦菊在调味碗中沾食即可。

操作要点：酱汁要搅拌均匀，要轻拌。

特　　点：清爽细腻，香脆可口。

营　　养：苦菊嫩叶中的氨基酸种类齐全，且各种氨基酸之间比例适当。食用苦菊有助于促进人体内抗体的合成，增强机体免疫力。

项目七 油炸花生

主　　料：花生250克。

调 味 料：食盐25克、食用油适量。

烹调方法：炸。

制作方法：1. 锅内烧油炸花生。

2. 不停地搅拌，防止花生焦煳。

3. 待花生皮颜色变深、变香脆捞出晾凉，撒上食盐即可。

操作要点：中小火炸，防止油温过高烧焦。

特　　点：花生酥脆，香松可口。

营　　养：花生富含蛋白质，脂肪含量可达40%，同时含有丰富的维生素B_2、维生素A、维生素D、钙和铁等。

项目八 沙姜冻猪手

主　　料：猪手500克。

辅　　料：沙姜200克、蒜头30克、生姜50克。

调 味 料：食用油适量、食盐5克、料酒20克、白糖10克、生抽5克、味精5克、蚝油10克、芝麻油5克。

烹调方法：焖。

制作方法：1. 猪手洗净焯水。

2. 高压锅内放水，加入猪手和调味料，烧25分钟，关火焖10分钟。

3. 捞出猪手，晾凉冷藏。

4. 沙姜用热油淋出香味，加入蒜头、生姜、蚝油、食盐、生抽、白糖、芝麻油拌匀成味汁。

5. 将猪手一剖两半，每一边各砍成3～4段，配上调味料上桌即可。

操作要点：猪手在高压锅中的时间要掌控好，时间过长，会影响菜肴的口感。

特　　点：香脆有嚼劲，胶质厚。

营　　养：猪手含有丰富的蛋白质、脂肪、碳水化合物等成分，具有美容抗衰老、防止骨质疏松的功效。

项目九 / 白切东山羊

主　　料：带皮无骨羊肉（以羊腩肉最好）1000克。

辅　　料：生姜50克、小葱100克、蒜头30克、芝麻少许。

调 味 料：芝麻油250克、南（腐）乳15克、柱侯酱2克、老抽5克、食盐3克、白糖3克、味精3克、胡椒粉2.5克、绍酒25克、八角5克、桂皮5克、陈皮3克、棕榈油1500千克、高汤150克、生料少许。

烹调方法：焖。

制作方法：1. 将羊毛刮净，整块放入烧沸的姜葱水中滚至八成熟，捞出，沥去水分。

2. 旺火烧锅，下棕榈油，烧至八成热，将羊肉块放入油锅炸至略呈金黄色，倒入笊篱，再放清水中漂净油分。

3. 旺火烧锅，倒入芝麻油，下姜块（拍碎）、葱段、蒜头、八角、桂皮、陈皮、南（腐）乳、柱侯酱等，推匀，爆香，接着下羊肉块，淋入绍酒，再加清水、老抽、食盐、白糖、味精、胡椒粉，推拌均匀，加盖，慢火焖至皮捻入味，用密漏沥出原汁待用。

4. 将熟羊肉连皮切成长方块，皮朝底、肉朝面，整齐排列碗中，加入原汁，上笼蒸透，倒出原汁，将羊肉反扣入盘中，用原汁加高汤、湿生粉匀芡，淋在羊肉表面，撒少许炸芝麻和葱花即成。

操作要点：最好选择羊腩部位，口感好；改刀大小要均匀。

特　　点：装盘整齐，肉质酥烂，润滑适口，气味芳香。

营　　养：羊肉具有补精血，益虚劳，温中健脾，补肾壮阳等功效。

项目十 冰镇鲍鱼

主　　料：新鲜鲍鱼750克。

辅　　料：小葱30克、生姜20克。

调 味 料：食盐5克、八角3克、草果2克、香叶2克、料酒20克、白糖10克、生抽10克。

烹调方法：煮。

制作方法：1. 生姜切片、小葱切段备用。

2. 锅内加入姜片、葱段、食盐、八角、草果、香叶、料酒、白糖、生抽，用中小火加水煮30分钟后熄火放凉，成调味酱汁。

3. 鲍鱼清洗干净，蒸10～12分钟后取出，去内脏。

4. 将鲍鱼浸泡在调味酱汁中，放入冰箱冷藏3～4小时。

5. 上菜的时候将鲍鱼放在鲍鱼壳上，摆放在冰碎上即可。

操作要点：鲍鱼表面要刷洗干净，成菜效果好；鲍鱼蒸煮时间要把握好，防止鲍鱼口感变老、变硬。

特　　点：鲍鱼肉爽脆，开胃。

营　　养：鲍鱼含有丰富的蛋白质，还含有较多的钙、铁、碘和维生素A等营养元素。

项目十一 三文鱼拼海蜇

主　　料：三文鱼200克、海蜇头200克。

辅　　料：蒜泥15克。

调 味 料：食盐3克、酱油15克、白糖10克、醋10克、芝麻油3克、芥末5克。

烹调方法：生食。

制作方法：1. 海蜇冲水，放入80℃的开水中捞一下，沥干水分放入盘中。

2. 三文鱼处理干净，切片摆放在盘中。

3. 将蒜泥与调味料做成味汁，沾食三文鱼和海蜇即可。

操作要点：两种主料在制作过程中要注意卫生，加工间做好“五专管理”。

特　　点：味美，清鲜。

营　　养：三文鱼中含有丰富的不饱和脂肪酸，能有效降低血脂和血胆固醇，防治心血管疾病。海蜇含有人体需要的多种营养成分，尤其含有人们饮食中所缺的碘，是一种重要的营养食品。

项目十二 / 酥香红娘鱼

主　　料：红娘鱼800克。

辅　　料：生姜30克、小葱30克。

调 味 料：食用油适量、味精10克、食盐15克、鸡粉5克、白糖2克、胡椒粉2克、白酒10克、柠檬汁2克。

烹调方法：炸。

制作方法：1. 红娘鱼冲水后沥干水分，加入味精、食盐、鸡粉、白糖、胡椒粉、白酒、生姜、小葱、柠檬汁腌制2小时后再次沥干水分。

2. 锅中加油将沥干水分的红娘鱼炸制酥脆，捞起即可。

操作要点：红娘鱼要做好去腥处理，炸制时温度最好保持在240℃左右。

特　　点：红娘鱼味道干香，表皮酥脆金黄。

营　　养：鱼肉含有叶酸、维生素B_2、维生素B_{12}等维生素，有滋补健胃、利水消肿、通乳、清热解毒、止嗽下气的功效。

模块二 主食类菜肴制作

知识目标

1. 了解各种主食类菜肴主料的特点。
2. 了解各种主食类菜肴的营养。

技能目标

1. 掌握各种主食类菜肴制作需要的主料、辅料、调味料的种类和用量。
2. 掌握各种主食类菜肴的烹调方法、制作方法和操作要点。

素质目标

树立热爱家乡、与自然和谐相处的意识

俗话说，“靠山吃山，靠海吃海”，中国的饮食文化缺少不了中华土地赋予我们的天然食材，生活在这里的人们总能在与自然的接触中找到，并且在与自然和谐相处的基础上延续着自然的馈赠。烹饪在中国源远流长，经过几千年的实践形成了一套完整的烹饪文化与饮食思想，中国人注重饭菜的意、色、形、香、味，注重“天人合一”的理念，并基于此而塑造了中餐以食表意、以物传情、追求由感官而至内心的愉悦为旨要的特点。

本模块立足福建风土人情，介绍了极具地方特色的主食菜品的制作，让人顿时感受到家的味道、爱的味道。

思考讨论：

如何做出让顾客食之不忘、回味无穷的菜品?

项目一　闽南拌面线

主　　料：面线500克。

辅　　料：鸡蛋100克、杏鲍菇100克、尚菇30克、海蛎30克、韭菜30克、鸭子1000克、当归20克、芹菜30克、熟花生30克、红葱头20克。

调 味 料：食用油适量、蚝油25克、老抽8克、味精15克、白糖15克、鸡汁20克、葱油30克。

烹调方法：拌。

制作方法：1. 鸭子剁成块状，八成油炸成金黄色后加当归、水熬煮，再后加味精、鸡汁调成鸭汤。

2. 杏鲍菇切成细条炸成金黄色，红葱头切丝炸成金黄色，鸡蛋煎成薄饼切丝，芹菜切成粒。

3. 将炸过的杏鲍菇倒入锅中后加入尚菇、海蛎、韭菜炒香，加入调料味翻炒，制作好的料头装入碗中备用。

4. 净锅烧水放入面线煮制5分钟，捞出面线另置一锅中，再放入葱油、鸭汤、芹菜粒，开小火拌至熟透，倒入碗里撒上鸡蛋丝、料头、熟花生即可。

操作要点：鸭汤要熬煮香醇。

特　　点：面线与鸭汤、小葱相结合，使面线醇厚有味道。

营　　养：面线含有丰富的淀粉、糖、蛋白质、钙、铁、磷、钾、镁，有养心益肾、健脾厚肠的功效。

项目二　闽南卤面

主　　料：手工面300克。

辅　　料：鸡蛋150克、猪肉酱60克、海蛎100克、虾仁15克、蒜叶10克、干香菇5克、胡萝卜4克、大白菜100克。

调 味 料：食用油适量、味精3克、白糖5克、生抽3克、胡椒粉5克、食盐3克、花生酱15克、芝麻酱15克。

烹调方法：煮。

制作方法：1. 海蛎、虾仁过水，蒜叶切小段，鸡蛋打散，大白菜、干香菇、胡萝卜切丝备用。

2. 锅中加油炒香鸡蛋、猪肉酱后加开水烧开，再放入手工面、大白菜、海蛎、虾仁煮透，最后加入味精、白糖、生抽、胡椒粉、食盐进行调味。起锅前加入蒜叶、干香菇、胡萝卜、花生酱、芝麻酱再次煮开即可。

操作要点：注意煮的时间。

特　　点：菜品酱香醇厚、汤汁浓稠。

营　　养：卤面补血益气、养阴补虚，具有增强免疫力、助消化的功效。

项目三 海鲜炒生面

主　　料：生面750克。

辅　　料：鸡蛋100克、鱿鱼50克、猪肉50克、海蛎50克、虾仁50克、白菜100克、胡萝卜30克、洋葱30克、韭菜30克、蒜头10克、古龙猪脚罐头20克、古龙五香肉丁20克。

调 味 料：花生油适量、味精5克、蚝油15克、白糖10克、老抽5克、鸡粉10克、生抽10克、胡椒粉3克。

烹调方法：炒。

制作方法：1. 鱿鱼切丝，猪肉切细条，鸡蛋打散，蒜头切小粒，洋葱、白菜、胡萝卜切丝，韭菜切段备用。

2. 锅洗净，加入花生油烧热，炒香鸡蛋和各种辅料，加开水和调味料进行调味，再加入生面焖炒，最后淋上少许油即可。

操作要点：控制火候、避免粘锅。

特　　点：荤、素、主食搭配合理，香气十足。

营　　养：面粉富含蛋白质、碳水化合物、维生素和钙、铁、磷、钾、镁等矿物质，有养心益肾、除热止渴的功效。

项目四 厦门炒面线

主　　料：面线200克。

辅　　料：鸡蛋100克、肉丝50克、海蛎50克、鱿鱼丝40克、包菜30克、胡萝卜40克、韭菜30克、韭黄30克、香菇25克。

调 味 料：大豆油35克、味精4克、白糖5克、蚝油10克、生抽2克、老抽1克、胡椒粉1克、花生酱5克、葱油5克、芝麻油5克。

烹调方法：炒。

制作方法：1. 肉丝、海蛎、鱿鱼丝过水后沥干水分，鸡蛋打散，韭菜、韭黄切段，其他材料切丝备用。

2. 热锅热油炒香鸡蛋，将肉丝、海蛎、鱿鱼丝、包菜丝、胡萝卜丝、韭菜、韭黄、香菇丝与面线加入一起焖炒，再加入调味料进行调味。起锅前加入调好的花生酱、芝麻油快速翻炒即可起锅装盘。

操作要点：面线炒之前用热水过一下，回软。

特　　点：面线弹性、劲道、香气十足。

营　　养：面线含有丰富的糖类、蛋白质以及钙、铁、磷、钾、镁等矿物质，有养心益肾、健脾厚肠的功效。

项目五 鲍汁菠菜面

主　　料：面条300克。

辅　　料：草菇200克、花蛤50克、干贝15克、蒜头10克、蒜苗8克、菠菜100克。

调 味 料：鲍汁100克、味精4克、白糖5克、蚝油10克、胡椒粉1克、葱油5克、芝麻油5克。

烹调方法：煮、拌。

制作方法：1. 草菇过水，干贝涨发好，面条煮熟捞出，菠菜烫熟后沥干水分。

2. 锅烧热，加入少许葱油炒香辅料，和烫熟的菠菜一起装入碗中，加入调味料调好味道，拌入面条即可。

操作要点：面条煮制时间掌握要恰当。

特　　点：面条有弹性、劲道，味道浓郁。

营　　养：面条含有丰富的糖类、蛋白质以及钙、铁、磷、钾、镁等矿物质，有养心益肾的功效。

项目六 桂花炒粉丝

主　　料：龙口粉丝200克。

辅　　料：蟹肉50克、银芽40克、洋葱80克、彩椒50克、小葱30克、鸡蛋100克。

调 味 料：食用油适量、食盐4克、味精5克、白糖5克、鸡粉3克、生抽3克、老抽2克、胡椒粉3克。

烹调方法：炒。

制作方法：1. 粉丝过水，沥干水分，让其质地变软，鸡蛋打散，蟹去壳拆肉，洋葱、彩椒切丝，小葱切段。

2. 热锅热油，炒香鸡蛋呈桂花状，再加入各种辅料，炒熟后留一半备用。锅中加入过水粉丝继续翻炒，再加入食盐、味精、白糖、鸡粉、生抽、老抽、胡椒粉调味。

3. 调好味后将炒香的粉丝垫在煲中，最后撒上备用的料头装盘即可。

操作要点：鸡蛋一定要炒香成块状，形似桂花；粉丝泡发要适度。

特　　点：粉丝软糯适中，无断碎。

营　　养：桂花炒粉丝的营养成分主要是碳水化合物、膳食纤维、蛋白质、烟酸和钙、镁、铁、钾、磷、钠等矿物质。粉丝具有良好的附味性，它能吸收各种鲜美汤料的味道，再加上粉丝本身柔润嫩滑，使菜品更加爽口宜人。

项目七 湖头炒米粉

主　　料：湖头米粉250克。

辅　　料：三层肉（五花肉）200克、鸡蛋150克、包菜50克、葱花10克、韭菜20克、韭黄20克、香菜15克、香菇20克。

调 味 料：食用油适量、味精5克、蚝油15克、食盐4克、白糖5克、胡椒粉3克、生抽4克、猪油10克。

烹调方法：炒。

制作方法：1. 米粉过水泡软，沥干水分，用少许油拌下；鸡蛋打散，三层肉、包菜、香菇切丝，韭菜、韭黄切段，小葱切葱花，其他材料切丝备用。

2. 热锅冷油（锅烧热用冷油过一遍），将鸡蛋炒香，加入三层肉、包菜丝、香菇丝再次爆香，加调味料和少许开水，再加过水的米粉一起翻炒。

3. 起锅前加入韭菜、韭黄，淋上猪油快速翻炒，再撒上葱花、香菜梗即可起锅。

操作要点：米粉泡水适度；炒制的时候翻锅要均匀。

特　　点：菜品香气浓郁，米粉无断碎。

营　　养：米粉富含碳水化合物、膳食纤维、蛋白质、多种维生素以及钙、镁、铁、钾、磷、钠等矿物质，具有补中益气、健脾养胃、益精强志等功效。

项目八 闽南芥菜炒饭

主　　料：芥菜300克、白米饭500克。

辅　　料：猪肉50克、干贝50克、香菇30克、五香肉丁30克、虾米20克、鸡蛋50克。

调 味 料：食用油适量、老抽5克、味精5克、白糖3克、食盐3克、鸡粉10克、蚝油15克、胡椒粉5克。

烹调方法：炒。

制作方法：1. 猪肉切细丝，干贝压成丝，香菇切成丝，鸡蛋打散。

2. 锅洗净，放热油及肉丝、干贝丝、香菇丝、虾米、五香肉丁、鸡蛋液炒香，再放入白米饭、芥菜和调味料继续翻炒均匀即可。

操作要点：米饭不宜蒸得太烂，辅料要炒香。

特　　点：菜品的主料与辅料充分体现出闽南地区炒饭的特色。

营　　养：大米中含有较多的碳水化合物，可以给人体提供足够的热量，维持大脑的记忆能力，增强肠道的蠕动。

项目九 紫菜炒饭

主　　料：米饭400克、紫菜30克。

辅　　料：三层肉丝50克、干贝丝30克、虾米15克、蛋黄50克、蒜珠30克。

调 味 料：食盐3克、味精5克、白糖5克、蚝油15克、胡椒粉5克、生抽5克、金兰油膏5克、猪油20克。

烹调方法：炒。

制作方法：1. 米饭放入蒸笼蒸熟，紫菜放入烤箱烤酥脆，冷却后切碎备用。

2. 热锅下入猪油、三层肉丝、干贝丝、虾米、蛋黄、蒜珠炒香后加入米饭快速翻炒，放入食盐、味精、白糖、蚝油、胡椒粉、生抽、金兰油膏进行调味，最后装入石锅中撒上蒜叶即可。

操作要点：米饭软硬适中、有弹性，咸香。

特　　点：干香软嫩，香气扑鼻。

营　　养：紫菜富含膳食纤维、多种维生素及钙、钾、镁等矿物质，除此之外，紫菜藻类特有的藻胆蛋白，具有很高的营养价值。

项目十 / 石狮炒芋圆

主　　料：芋圆400克。

辅　　料：虾仁30克、水发香菇10克、鱼丸丝20克、海蛎30克、五花肉20克、包菜60克、胡萝卜20克、蒜叶20克。

调 味 料：食用油适量、味精5克、食盐2克、白糖5克、蚝油10克、老抽5克、生抽8克、芝麻油5克、胡椒粉2克。

烹调方法：炒。

制作方法：1. 芋圆对半切开后切成片，拍上少许生粉备用，将虾仁、鱼丸丝、海蛎过水后沥干水分，水发香菇、包菜、胡萝卜切丝，蒜叶切段。

2. 热锅热油将拍生粉的芋圆快速拉油后捞出，锅内留余油炒香五花肉、包菜丝、香菇丝，加入芋圆、沥干水分的海鲜快速翻炒，加入调味料进行调味，起锅前撒上蒜叶、芝麻油炒香即可。

操作要点：芋圆大小均匀，快炒防粘锅。

特　　点：芋圆味道咸香，色泽丰富。

营　　养：芋圆含有丰富的黏液皂素及多种微量元素，能增进食欲，帮助消化。虾仁、鱼丸中富含维生素A，可保护眼睛；含有B族维生素，能消除疲劳，增强体力；另外，还含有牛磺酸，能降低胆固醇，保护心血管系统，防止动脉硬化。

项目十一 鲍汁螺片捞饭

主　　料：白米饭300克、香螺150克。

辅　　料：鲍汁100克、西蓝花100克。

调 味 料：清油适量、蚝油15克、冰糖5克、生抽5克、老抽5克。

烹调方法：捞。

制作方法：1. 米饭加入水、少许清油蒸熟，香螺洗干净切片，西蓝花焯水备用。

2. 香螺肉用85℃的热水快速焯断生，加入调味料炒香备用，将白米饭、西蓝花、螺片摆入盘中，淋上鲍汁即可。

操作要点：螺片不宜焯得太熟。

特　　点：螺片的香脆加以鲍汁、白米饭的香味。

营　　养：香螺肉含有丰富的维生素A、蛋白质、铁和钙，对目赤、黄疸、脚气等疾病有食疗作用。

模块三 汤羹类菜肴制作

知识目标

1. 了解各种汤羹类菜肴主料的特点。
2. 了解各种汤羹类菜肴的营养。

技能目标

1. 掌握各种汤羹类菜肴制作需要的主料、辅料、调味料的种类和用量。
2. 掌握各种汤羹类菜肴的烹调方法、制作方法和操作要点。

素质目标

树立文化自信

民以食为天，中华美食一直是中华优秀文化的重要内容，追求美食也是对中华优秀传统文化的传承与发展。在历数各种名点名菜的时候，我们不能忘记“汤羹”这一美味载体，甚至可以说，我国的汤羹已经成为一种文化现象，在饮食和礼俗中都有着不可动摇的地位。

汤羹作为我国的菜肴的一个重要组成部分，具有非常重要的作用：

（1）饭前喝汤，可湿润口腔和食道，刺激胃口以增进食欲。

（2）饭后喝汤，可爽口润喉有助于消化。

（3）汤还在预防与治疗疾病、养生、保健、美容等诸多方面起到非常重要的作用。

制汤在饮食行业里又称吊汤。制汤技术是我国烹调技术中的一朵瑰丽之花，也是每个厨师必须掌握的技术之一。

思考讨论：

汤羹文化在我国不同地区有着怎样的体现?

项目一 明炉杂菜汤

主　　料：灌肠150克、猪肚100克、马鲛鱼150克、鱼丸100克、鸡蛋100克。

辅　　料：娃娃菜100克、豆芽50克、文蛤50克、二汤1000克。

调 味 料：食盐5克、味精10克、白糖3克、胡椒粉5克。

烹调方法：煮、煲。

制作方法：1. 灌肠蒸熟后切小段，将马鲛鱼肉打成泥状，猪肚裹上马鲛鱼肉泥在水中煮熟，鸡蛋煎熟后切成块状，豆芽去头去尾，娃娃菜切小条摆入盘中备用。

2. 锅中烧开二汤加入食盐、味精、白糖、胡椒粉调味装入煲中，再将原材料逐一放入汤中煲开即可。

操作要点：煲时要掌握火候。

特　　点：汤底鲜甜浓郁，原料鲜味相互融合。

营　　养：明炉杂菜汤营养丰富，可以帮助消化、健脾养胃。

项目二 闽南酸辣汤

主　　料：花菜150克、醋肉100克、金针菇100克、带鱼150克。

辅　　料：红椒20克。

调 味 料：食用油适量、食盐5克、味精15克、白糖30克、陈醋30克、鸡汁10克、汤皇15克、辣椒仔30克、葱油5克、生粉50克。

烹调方法：煮。

制作方法：1. 热锅热油将醋肉、带鱼进行炸制，花菜过水；金针菇撕开，摆入圆盘中；红椒切丝备用。

2. 待锅中水烧开后加入食盐、味精、白糖、鸡汁、汤皇、辣椒仔等进行调味，用生粉勾薄芡，最后加入陈醋、葱油，将汤装入汤锅中。

3. 汤锅中的汤用卡式炉烧开后逐一加入花菜、金针菇、炸醋肉、炸带鱼，再煮开即可。

操作要点：汤底要酸辣适中。

特　　点：酸辣适口，汤汁浓郁。

营　　养：酸辣汤具有健脾、养胃、柔肝益肾的作用，适用于辅助治疗食欲不振。

项目三 清炖土鸡汤

主　　料：土鸡1000克。

辅　　料：瘦肉500克、老母鸡500克、排骨300克、生姜20克。

调 味 料：食盐6克、味精5克、鸡汁5克、白糖3克。

烹调方法：炖。

制作方法：1. 生姜切片，瘦肉、老母鸡、排骨清洗干净，砍成块入锅，加入水和姜片，小火熬制4小时，过滤杂质作汤底。

2. 土鸡砍成块状，放入汤底中，加入食盐、味精、鸡汁、白糖炖2小时后，撇去汤面上的浮油即可。

操作要点：要保持中小火，汤汁才能更清澈。

特　　点：汤汁清澈，鲜美可口。

营　　养：土鸡中含有丰富的蛋白质、烟酸，能软化和保护血管，有降低人体中血脂以及胆固醇的作用。

项目四 原品彩鸭汤

主　　料：黄皮鸭1500克。

辅　　料：生姜30克。

调 味 料：食盐15克、味精5克、白糖3克。

烹调方法：煮。

制作方法：1. 生姜切片，黄皮鸭砍成块，一起冷水下锅，将鸭肉稍煮后用冷水冲洗干净，沥干水分备用。

2. 将鸭肉放入高压锅压25分钟后，打开锅撇去汤面上的少量油脂，加入食盐、味精、白糖简单调味即可。

操作要点：要用冷水冲去血水。

特　　点：原汁原味。

营　　养：鸭子吃的食物多为水生物，故其肉味甘、性凉，归脾、胃经，有滋补、养胃、消水肿、止热痢、止咳化痰等作用。

项目五 野生鲫鱼汤

主　　料：野生鲫鱼750克。

辅　　料：大白菜150克、豆腐100克、生姜15克、小葱15克、枸杞5克。

调 味 料：食盐8克、味精5克、白糖3克、胡椒粉3克、猪油20克。

烹调方法：炖。

制作方法：1. 鲫鱼洗净改刀，大白菜切段，豆腐切块，生姜切片，小葱切段备用。

2. 将烧开的水装碗中备用，锅烧热加少许猪油再加入姜片、葱段炒香；将改刀好的鲫鱼放入锅内煎至金黄，倒入烧开的水一起炖煮。

3. 汤开后加入大白菜、豆腐、枸杞，然后加入食盐、味精、白糖、胡椒粉进行调味，等到汤汁浓郁、奶白即可。

操作要点：汤汁要煮至浓郁、奶白。

特　　点：鲫鱼肉质鲜美，汤汁浓郁洁白、鲜甜。

营　　养：鱼肉富含蛋白质，是肝肾、心脑血管疾病患者的优良蛋白质来源，常食可增强抗病能力。

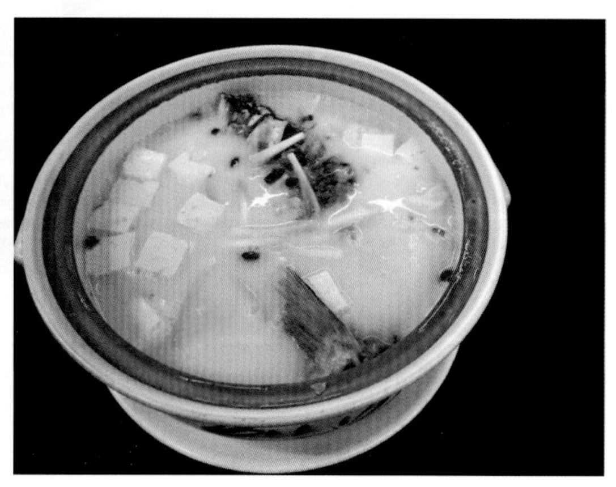

项目六 番鸭牛排汤

主　　料：牛排2000克、番鸭1000克。

辅　　料：熟地50克、桂枝40克、当归25克、川芎25克、老姜100克。

调 味 料：生抽25克、味精10克、食盐8克、白糖5克。

烹调方法：煮。

制作方法：1. 牛排、番鸭洗净后砍成块状，放入锅中焯水，捞出后用冷水冲洗干净；老姜切片备用。

2. 锅中加水放入牛排、番鸭、熟地、当归、桂枝、川芎、姜片一起煮40分钟，最后加入生抽、味精、食盐、白糖进行调味即可。

操作要点：去除血水要冲冷水。

特　　点：肉质软烂，汤香可口。

营　　养：番鸭牛排汤含有人体所需的多种营养成分，如维生素、铁、锌及多种氨基酸。

项目七 三层肉羹汤

主　　料：三层肉（五花肉）250克。

辅　　料：花菜100克、生姜15克、小葱10克、清汤750克。

调 味 料：食盐3克、味精4克、白糖5克、生抽3克、老抽2克、地瓜粉100克、胡椒粉3克、葱油3克、生粉50克。

烹调方法：煮。

制作方法：1. 三层肉切片加入食盐、老抽、地瓜粉进行腌制，花菜改刀切小块，小葱切段，生姜切丝备用。

2. 锅中煮开清汤，将姜丝、葱段、三层肉、花菜煮沸，加入食盐、味精、白糖、生抽、老抽、胡椒粉调味，用生粉勾薄芡，淋上葱油即可。

操作要点：注意对煮制时间的掌握。

要　　求：三层肉嫩且有弹性、汤汁清甜。

营　　养：三层肉富含蛋白质、脂肪酸、碳水化合物、微量元素等。食用三层肉有补肾、滋阴、补充蛋白质等功效。

项目八 松茸汤氽小象蚌

主　　料：小象蚌400克。

辅　　料：鲜松茸80克、上海青100克、上汤800克。

调 味 料：食盐5克。

烹调方法：氽。

制作方法：1. 鲜松茸切片，上海青改刀，将两者氽熟。小象蚌沸水氽断生后与松茸片、上海青一起放入炖盅内备用。

2. 上汤加热后放入食盐调味，再放入特制的壶内保温，上菜时将上汤倒入备用的盅内即可。

操作要点：小象蚌不宜氽得太熟。

特　　点：汤汁清澈见底、可口。

营　　养：小象蚌能养肝明目、滋肝养肾、清热止渴。

项目九 鸡汤汆小象蚌

主　　料：小象蚌150克。

辅　　料：鸡汤100克、上海青30克、香菜叶15克、枸杞5克。

调 味 料：食盐1.5克、鸡汁0.5克。

烹调方法：汆。

制作方法：1. 先把鸡汤加热，加入食盐、鸡汁调味。

2. 上海青汆熟，小象蚌汆七分熟，断生。

3. 香菜叶放入盅内垫底，再放入小象蚌、上海青，加入鸡汤，最后点缀枸杞即可。

操作要点：小象蚌不能汆得太熟，断生即可。

特　　点：汤汁清澈见底，少油。

营　　养：小象蚌能养肝明目、滋肝养肾、清热止渴。

项目十 西施芦笋羹

主　　料：芦笋200克。

辅　　料：干贝30克、蛋清50克、生姜10克。

调 味 料：食盐3克、味精5克、白糖5克、汤皇10克、胡椒粉3克、葱油5克、生粉50克。

烹调方法：煮。

制作方法：1. 芦笋去皮切粒，生姜切丝，干贝蒸熟拍成丝，蛋清打发备用。

2. 锅内加水煮开，放入干贝丝、姜丝、芦笋粒后再次煮开，加入食盐、味精、白糖、汤皇、胡椒粉调味，加生粉勾薄芡后倒入打发的蛋清，淋上葱油即可。

操作要点：勾芡要均匀，中小火煮开。

特　　点：汤汁清甜顺口。

营　　养：芦笋含有丰富的维生素A、维生素B、叶酸以及硒、铁、锰、锌等矿物质。

项目十一 / 西蓝鳕鱼羹

主　　料：西蓝花末200克、鳕鱼100克。

辅　　料：干贝30克、金针菇30克、生姜10克。

调 味 料：食盐3克、味精5克、白糖3克、汤皇10克、胡椒粉3克、葱油5克、生粉30克。

烹调方法：煮。

制作方法：1. 鳕鱼切粒，生姜切丝，干贝蒸熟拍成丝，金针菇撕开备用。

2. 锅内加水煮开，放入干贝丝、金针菇、姜丝、鳕鱼、西蓝花末后再次煮开，加入食盐、味精、白糖、汤皇、胡椒粉调味，加生粉勾薄芡，淋上葱油即可。

操作要点：勾芡要均匀。

特　　点：汤汁清甜顺口。

营　　养：鳕鱼含丰富的蛋白质、维生素A、维生素D、钙、镁、硒等营养元素，营养丰富、肉味甘美。西蓝花中的矿物质成分比其他蔬菜更全面，钙、磷、铁、钾、锌、锰等含量都很丰富。

项目十二 / 香茜苦螺羹

主　　料：香茜100克、苦螺200克。

辅　　料：蛋清30克、猪肉泥200克、鸡汤1500克。

调 味 料：食盐5克、味精10克、白糖3克、鸡汁3克、胡椒粉3克、生粉25克。

烹调方法：煮。

制作方法：1. 香茜切小段过水后沥干水分，苦螺过水取肉加入猪肉泥一起搅拌后再次过水，蛋清打发备用。

2. 锅中加鸡汤煮开，加入做好的苦螺肉、香茜，再加入食盐、味精、白糖、鸡汁、胡椒粉进行调味，放入打发的蛋清，加生粉勾薄芡即可。

操作要点：勾芡要均匀。

特　　点：汤汁鲜甜顺口。

营　　养：苦螺肉含有蛋白蛋、维生素和微量元素，还含有人体必需的氨基酸，是典型的高蛋白、低脂肪、高钙质的天然动物性食品。

项目十三 泉水煮贝鲜

主　　料：鱼丸200克、青口贝150克、小海蚌150克。

辅　　料：芥菜梗100克、生姜20克。

调 味 料：食盐10克、胡椒粉5克。

烹调方法：煮。

制作方法：1. 青口贝、小海蚌清洗干净，芥菜梗切成块，生姜切成丝备用。

2. 青口贝、小海蚌、姜丝放入特制砂锅中，倒入水，放在卡式炉上煮开。

3. 砂锅中放入自制鱼丸、芥菜梗，煮开后加入食盐、胡椒粉调味即可。

操作要点：煮汤一定要用中小火，这样汤汁才会清澈。

特　　点：汤汁清澈、味道可口。

营　　养：青口贝富含人体所必需的各种氨基酸、不饱和脂肪酸、矿物质元素等营养物质，其中牛磺酸、硒等生物活性物质对机体具有解毒、增强免疫力等重要功效。

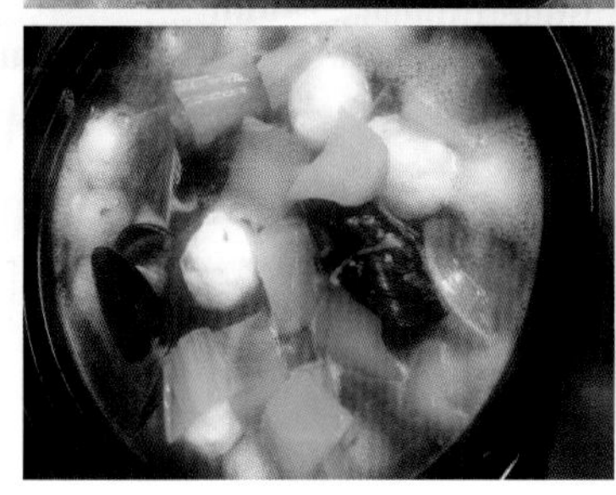

项目十四 凉瓜小象蚌浸豆腐

主　　料：小象蚌200克。

辅　　料：苦瓜（凉瓜）150克、豆腐150克、白木耳100克、芹菜20克、枸杞5克、鸡汤500克。

调 味 料：食盐5克、鸡汁3克、胡椒粉2克。

烹调方法：煮。

制作方法：1. 小象蚌洗净切开取肉，苦瓜刨成片，芹菜切段，豆腐切片。

2. 锅中倒入鸡汤，烧开后放入豆腐、苦瓜、白木耳、芹菜、枸杞、小蚌，煮熟后加入食盐、鸡汁、胡椒粉调味即可。

操作要求：小象蚌不宜煮太久。

特　　点：清凉可口。

营　　养：小象蚌能养肝明目、滋肝养肾、清热止渴。

项目十五 / 金线莲炖螺片

主　　料：金线莲150克、螺肉150克。

辅　　料：排骨250克、生姜20克。

调 味 料：食盐5克、味精5克、鸡汁3克。

烹调方法：炖。

制作方法：1. 排骨砍成小块焯水，用凉水冲洗干净；生姜切片，两者一起放入炖盅内加食盐、味精、鸡汁炖2小时。

2. 螺肉洗净后切厚片和金线莲一起放入炖盅内，再炖10分钟即可。

操作要点：排骨要冲去血水。

特　　点：汤汁清澈见底。

营　　养：金线莲全草均可入药，其味甘、性平，有清热凉血、祛风利湿、解毒、止痛、镇咳等功效。

项目十六 螺片炖花胶

主　　料：螺片200克、花胶300克。

辅　　料：高汤500克、豆芽200克。

调 味 料：食盐6克、味精4克、鸡精5克、老酒2克。

烹调方法：炖。

制作方法：1. 高汤炖好备用。

2. 将高汤烧开，下入花胶炖至软糯，再下入螺片炖开，加入食盐、味精、鸡精、老酒调味即可。

3. 如需添加辅料，可将豆芽垫入汤中稍氽，一起食用。

操作要点：螺片氽时，要掌握好火候。

特　　点：花胶软糯可口，螺片脆嫩香甜。

营　　养：花胶食疗可滋阴、固肾培精，有消除疲劳及加速外科手术伤口恢复的功效。螺片适宜黄疸、水肿、小便不通、痔疮便血、脚气、消渴、风热目赤、肿痛以及醉酒人群食用。

项目十七 清汤鸡豆花

主　　料：鸡脯肉800克。

辅　　料：鸡蛋100克、冰块200克、鸡汤1500克、枸杞5克、粟粉40克。

调 味 料：味精10克、食盐30克、生粉40克。

烹调方法：煮。

制作方法：1. 鸡蛋打开取蛋清备用。鸡脯肉去除筋皮，切小块冲净血水，加入冰块用破壁机快速打成鸡脯肉浆，用密漏过滤肉渣留下鸡脯肉浆，加入水、食盐、味精、蛋清、粟粉、生粉搅拌30分钟左右，放冰箱冷藏2小时。

2. 大煲中将过滤好的鸡汤小火煮开，将冷藏好的鸡脯肉浆加入等量的水用机器搅拌均匀倒入煲中小火煮开，煮好的鸡豆花用漏勺舀起装入碗中，将鸡汤用纱布过滤好装入碗中，最后用枸杞点缀即可。

操作要点：鸡汤清澈见底、味鲜；鸡脯肉要用破壁机打碎，肉质更滑嫩。

特　　点：鸡脯肉浆煮后形似豆花，肉质鲜嫩，汤汁清澈如水。

营　　养：鸡肉含有维生素C、维生素E等，蛋白质的含量较高，且消化率高，很容易被人体吸收利用，有增强体力、强壮身体的作用。另外，鸡肉还含有对人体生长发育有重要作用的磷脂类，是中国人膳食结构中脂肪和磷脂的重要来源之一。鸡肉对营养不良、畏寒怕冷、乏力疲劳、月经不调、贫血、虚弱等症状有较好的食疗作用。

模块四 传统类菜肴制作

知识目标

1. 了解各种传统类菜肴主料的特点。
2. 了解各种传统类菜肴的营养。

技能目标

1. 掌握各种传统类菜肴制作需要的主料、辅料、调味料的种类和用量。
2. 掌握各种传统类菜肴的烹调方法、制作方法和操作要点。

素质目标

树立居安思危的意识

古人云："不念居安思危，戒奢以俭，德不处其厚，情不胜其欲，斯亦伐根以求木茂，塞源而欲流长也。"简单来说，就是居安思危，节俭克己，方能长久。随着人们消费观念和饮食习惯的变化，传统餐饮行业都或多或少受到了一定的冲击，也在不断地进行洗牌。而预制菜行业此时却异军突起，家庭端的预制菜消费需求在近年来被快速地释放，我国预制菜市场得以迅速崛起，很多传统小吃、家常菜肴、地方名菜等都被做成了预制菜，例如酸菜鱼、佛跳墙、小酥肉等爆款预制菜产品迅速走红。这也意味着作为一名餐饮人要有危机意识，善于洞察行业的变化，抓住机遇，才能不被市场淘汰。

思考讨论：

预制菜爆火的现象对餐饮从业人员提出了哪些要求?

项目一 银鱼韭菜饺

主　　料：银鱼250克。

辅　　料：韭菜100克、蟹肉50克、春卷皮100克、干葱头30克、糯米粉100克。

调 味 料：食用油适量、食盐5克、味精8克、白糖3克、蚝油15克、胡椒粉5克。

烹调方法：煎、炸。

制作方法：1. 银鱼解冻后沥干水分，加入蟹肉、韭菜、干葱头，用食盐、味精、白糖、蚝油、胡椒粉进行调味，搅拌均匀。

2. 将糯米粉加水调成糊备用。用春卷皮包好银鱼馅，包成三角形，裹上糯米糊入锅煎炸至颜色金黄即可。

操作要点：银鱼要选择新鲜度高的，大小均匀的；锅要烧热，加冷油，防止煎胡。

特　　点：春卷皮要裹紧，防止炸制时散开。

营　　养：银鱼肉富含蛋白质、氨基酸，营养价值极高，具有补肾增阳、祛虚活血、益脾润肺等功效，是上等滋养补品。

项目二 金华萝卜煲

主　　料：萝卜750克。

辅　　料：腌制咸三层肉（五花肉）50克、虾仁60克、鱿鱼花40克、生姜10克、小葱10克、蒜头10克、红椒10克、猪油渣10克、二汤100克。

调 味 料：猪油50克、食盐5克、味精5克、冰糖10克、胡椒粉2克、老抽2克。

烹调方法：煲。

制作方法：1. 萝卜去皮，切成大小均匀的块放入煲中，并依次加入味精、食盐、冰糖、胡椒粉、猪油渣、老抽、二汤、水进行煲制。

2. 将咸三层肉切片，生姜、蒜头、红椒切片，小葱切段。将切好的上述材料及虾仁、鱿鱼花用猪油炒香，加入煲熟的萝卜入锅收汁，最后装入煲中即可。

操作要点：萝卜要炖至软烂入味。

特　　点：萝卜味道鲜甜，芡汁均匀。

营　　养：萝卜富含淀粉酶、膳食纤维、钙、磷、铁、叶酸等营养物质，可增强机体免疫力。萝卜中的芥子油和膳食纤维可促进胃肠蠕动，有助于体内废物的排出。常吃萝卜可降低血脂、软化血管、稳定血压，预防冠心病、动脉硬化、胆石症等疾病。

项目三 上汤浸芦笋

主　　料：芦笋400克。

辅　　料：火腿15克、上汤150克。

调 味 料：味精4克、白糖5克、食盐3克。

烹调方法：浸、煮。

制作方法：1. 将芦笋刨皮切段，火腿切小片，芦笋过水备用。

2. 锅中加入上汤，煮开后依次加入芦笋、火腿片、味精、白糖、食盐，再次煮开后装入碗中即可。

操作要点：汤汁味浓，掌握好芦笋过水时间，10秒最佳，清脆甘甜。

特　　点：芦笋鲜甜脆，汤汁带少许火腿香味。

营　　养：芦笋含有大量的膳食纤维、微量元素和维生素，具有清热生津、通便、补气血、抗菌等功效。

项目四 闽南海蛎煎

主　　料：海蛎300克。

辅　　料：蒜苗100克、地瓜粉150克、萝卜50克。

调 味 料：猪油75克、味精4克、白糖5克、蚝油10克、胡椒粉5克、甜辣酱10克、香醋10克。

烹调方法：煎。

制作方法：1. 将海蛎冲水洗净，蒜苗切蒜珠，萝卜切丝并加入香醋和糖腌制备用。

2. 蒜珠加入地瓜粉、味精、白糖、蚝油、胡椒粉搅拌均匀，最后加入海蛎轻轻搅拌。

3. 平底锅烧热加入猪油，将搅拌好的原料入锅摊开煎成两面金黄，起锅即可，最后附上甜辣酱和萝卜丝。

操作要点：锅要烧热、煎熟，防止沾锅。

特　　点：闽南海蛎煎鲜嫩爽口，无出水，鲜香。

营　　养：海蛎中的钙铁含量比较高，有利于促进骨骼的生长发育；也可以延缓皮肤的衰老，减少皱纹，增强皮肤的弹性。

项目五 炸海蛎

主　　料：海蛎500克

辅　　料：小葱100克、豆腐100克、马蹄100克、生姜10克、地瓜粉150克。

调 味 料：猪油1500克、蚝油20克、鸡粉10克、味精5克、胡椒粉5克、香炸粉100克。

烹调方法：炸。

制作方法：1. 将小葱、豆腐、马蹄、生姜剁碎，放入盆中备用。

2. 在盆中依次加入海蛎、香炸粉、地瓜粉、蚝油、鸡粉、味精、胡椒粉等搅拌均匀。

3. 净锅放入猪油，烧至五成油温，倒入搅拌好的海蛎炸至金黄色即可。

操作要求：控制好油温，烧至五成较佳。

特　　点：炸海蛎色泽赤褐、皮香酥脆、馅料嫩滑，热食味道甚佳。

营　　养：海蛎中的钙铁含量比较高，有利于促进骨骼的生长发育；也可以延缓皮肤的衰老，减少皱纹，增强皮肤的弹性。海蛎还含有有丰富的牛磺酸，有保肝利胆的作用。

项目六 炸菜粿

主　　料：大米粉400克。

辅　　料：韭菜30克、包菜80克。

调 味 料：食用油适量、食盐5克。

烹调方法：炸。

制作方法：1. 将大米粉加热水搓揉成果胚，将韭菜、包菜等时令蔬菜切碎，加入食盐搅拌均匀做成馅放入果胚中，做成长条状，入锅炊熟。

2. 将菜粿切成块备用，锅洗净倒入食用油烧制七成热，放入菜粿炸至金黄色捞出装盘。

操作要点：大小均匀，外皮完整。

特　　点：外酥里嫩。

营　　养：米粉中含有碳水化合物、蛋白质、脂肪，还含有丰富的B族维生素等。

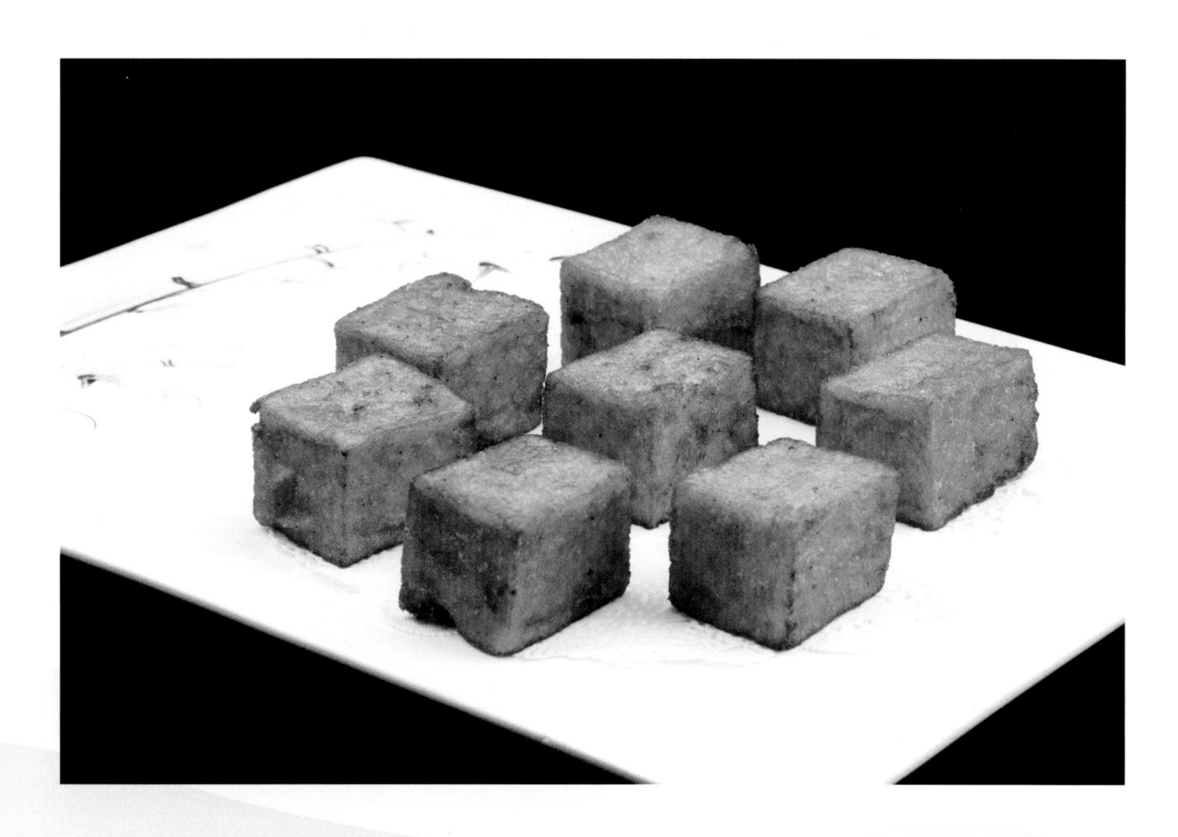

项目七 / 茶香虾

主　　料：明虾450克。

辅　　料：茶叶25克、蒜头10克。

调 味 料：椒盐粉15克、食用油适量。

烹调方法：炸。

制作方法：1. 将明虾背部开刀取出虾线，茶叶用温水泡软，蒜头切蓉。

2. 热锅热油将明虾炸金黄酥脆，茶叶也一起炸香备用。

3. 锅内留余油将蒜蓉煸炒后加入明虾、茶叶一起炒香，最后撒上椒盐粉即可装盘。

操作要点：泡好的茶叶要高温快速炸好，激发茶香味。

特　　点：明虾外酥里嫩，颜色金黄，茶香四溢。

营　　养：虾肉中含有约20%的蛋白质，是蛋白质含量很高的食品之一，还含有镁等对心脏活动具有重要调节作用的微量元素，能较好地保护心血管系统，它可减少血液中胆固醇含量，防止动脉硬化。

项目八 / 闽南五香卷

主　　料：猪腿肉500克。

辅　　料：豆腐皮80克、马蹄150克、小葱100克、小洋葱80克、地瓜粉100克。

调 味 料：蚝油30克、五香粉10克、味精10克、白糖10克、香炸粉50克、鸡粉8克、食用油适量。

烹调方法：炸。

制作方法：1. 猪腿肉切条，马蹄、小葱、小洋葱切丁放入盆中，加入地瓜粉、蚝油、五香粉、味精、白糖、鸡粉等调味料搅拌均匀。

2. 用豆腐皮包制成卷备用，香炸粉用水搅匀。

3. 锅加油烧至六成油温，五香卷沾香炸粉炸至金黄色，最后改刀即可。

操作要点：控制好炸制的油温。

特　　点：香酥适口，外酥里嫩。

营　　养：闽南五香卷营养均衡，特别是猪肉可以为人体提供优质蛋白质和必需的脂肪酸，还可以为人体提供血红素和促进铁吸收的半胱氨酸，能改善缺铁性贫血。

项目九 闽南炸醋肉

主　　料：猪肉500克。

辅　　料：蛋黄30克、蒜头10克、地瓜粉150克。

调 味 料：香醋120克、白糖40克、食盐5克、味精30克、生抽15克、食用油适量。

烹调方法：炸。

制作方法：1. 将猪肉洗净切成条，蒜头拍碎切末，备用。

2. 猪肉条加香醋、白糖、食盐、味精、生抽腌制5小时。

3. 将猪肉条加蛋黄、地瓜粉抓匀，锅加油烧至五成油温，将猪肉条炸至金黄色装盘即可。

操作要点：油温要控制好。

特　　色：酥香、醋味够浓。

营　　养：醋肉能提供人体生理活动必需的蛋白质、脂肪，具有滋阴润燥、益精补血的功效，适宜于气血不足、食欲缺乏者。

项目十 沙拉脆鹅柳

主　　料：鹅柳350克。

辅　　料：蛋黄30克、面包糠300克、西生菜200克、柠檬1个。

调 味 料：食盐3克、白糖4克、沙拉酱100克、青芥辣调味酱20克、生粉30克、食用油适量。

烹调方法：炸。

制作方法：1. 将鹅柳沥干水分，依次加入食盐、白糖、生粉、蛋黄进行腌制。柠檬取汁，在沙拉酱中加入柠檬汁、青芥辣调味酱调制成酱。

2. 将西生菜洗净，对半切开用牙剪剪成圆形，将腌好的鹅柳沾上面包糠，并用剪刀修成长块备用。

3. 热锅热油烧至六成油温，将鹅柳入锅炸金黄酥脆。西生菜垫底，鹅柳摆在菜上，再挤上调制好的沙拉酱即可。

操作要点：注意炸鹅柳的火候。

特　　点：鹅柳金黄酥脆，沙拉酱甜酸适中。

营　　养：鹅柳富含人体必需的多种氨基酸、维生素和微量元素，脂肪含量较低；其营养丰富，不饱和脂肪酸含量高，对人体健康十分有益。

项目十一 德化焖全猪

主　　料：猪脚500克、猪耳250克、猪舌250克、猪肠250克、猪肝250克、猪尾300克、猪排骨300克、五花腩肉300克。

辅　　料：生姜10克、葱花10克、干葱头蓉20克。

调 味 料：生抽50克、食盐10克、老抽15克、白糖20克、胡椒粒10克、蚝油25克、土酿米酒500克、花生油150克。

制作方法：1. 将主料分别处理干净，猪耳切成长6厘米、宽1厘米左右的条，猪舌、猪肝、五花腩肉分别切成厚0.5厘米左右的片，猪肠切成长4厘米左右的段，猪脚、猪排骨、猪尾分别切成小块。

2. 锅内加入花生油，烧至五成热时，倒入五花腩肉，小火煸炒出油，下入除猪肝、猪肠以外的主料，继续用小火煸炒至主料变色，将主料推至锅一边，放入生姜、干葱头蓉炒香。

3. 接着再放入猪肝和猪肠，依次倒入生抽、食盐、老抽、白糖、蚝油、胡椒粒和土酿米酒，炒出香味后倒入清水没过主料，大火烧开，改小火焖20～25分钟，离火装入可以加热的容器内，撒入葱花即可。

烹调方法：炒、焖。

操作要求：可根据猪的不同部位，采用多种烹饪方法。

特　　点：厚料一定要炒香、炒干后才能焖煮。

营　　养：猪肉含有各种氨基酸，其构成比例接近人体需要，因此易被人体充分吸收，营养价值高。

项目十二 浓汤海鲜煲

主　　料：虾仁150克、螺肉100克、目鱼100克。

辅　　料：娃娃菜100克、草菇60克、姜片5克、蒜子10克、红椒片6克、葱段10克，二汤350克。

调 味 料：食盐5克、味精10克、白糖8克、鸡汁10克、胡椒粉6克、葱油10克、生粉25克。

烹调方法：煲。

制作方法：1. 将虾仁洗净，目鱼、螺肉切片洗净，加调味料腌制，娃娃菜改刀切小瓣备用。

2. 待锅中水烧开，将虾仁、螺肉片、目鱼片过水，娃娃菜过水后炒香垫入煲中。

3. 热锅下入葱油炒香姜片、蒜子、葱段、红椒片等料头，加入草菇、二汤煮开后逐一加入虾仁、目鱼片、螺肉片煮透，再放入食盐、味精、白糖、鸡汁、胡椒粉调味，最后加生粉勾芡淋上葱油装入煲中，煲开即可。

操作要点：注意煲的火候，中小火为佳。

特　　点：原料搭配丰富，汤汁鲜甜。

营　　养：虾肉富含维生素A，可保护眼睛；还含有维生素B群，能消除疲劳，增强体力。螺肉富含蛋白蛋、维生素和人体必需的氨基酸和微量元素，是典型的高蛋白、低脂肪、高钙质的天然动物性保健食品。目鱼肉富含蛋白质，具有维持钾钠平衡、消除水肿的功效。

项目十三 / 富贵苦瓜煲

主　　料：苦瓜350克。

辅　　料：虾姑100克、红椒4克、小葱5克、蒜头10克、高汤500克。

调 味 料：食盐4克、味精4克、白糖3克、胡椒粉5克、鸡汁10克、葱油5克、生粉30克、食用油适量。

烹调方法：煲。

制作方法：1. 将苦瓜切菱形片，虾姑过水拨壳取肉，小葱切成段，蒜头去头去尾，红椒切菱形片备用。

2. 苦瓜焯水去除苦味备用，热锅冷油将葱段、蒜头、红椒片等料头炒香，加入高汤、苦瓜、虾姑一起煲开，再加入食盐、味精、白糖、胡椒粉、鸡汁调味。起锅前加入葱油，再加入生粉勾薄芡后装入煲中，在煲中烧开即可。

操作要点：苦瓜焯水时间不能太长，否则营养容易流失，颜色会变黄；勾芡时注意水和生粉的配比。

特　　点：苦瓜颜色碧绿，汤汁甘苦中带鲜甜。

营　　养：苦瓜具有清热解毒、补肾壮阳，增强人体免疫等功能。

项目十四 / 红焖鹅肉煲

主　　料：鹅肉2000克。

辅　　料：老姜150克、小葱100克。

调 味 料：柱候酱30克、排骨酱30克、蚝油25克、生抽25克、味精15克、芝麻油50克、米酒100克、生粉30克、食用油适量。

烹调方法：焖。

制作方法：1. 将鹅肉剁块，老姜切片，小葱切段备用。

2. 鹅肉焯水后用八成油温炸制，捞起沥干油备用。

3. 锅中倒入芝麻油、老姜片、葱段炒香，加入炸好的鹅肉和水，放入调味料焖45分钟捞起，汤汁过滤杂质加生粉勾芡淋在鹅肉上即可。

操作要求：鹅肉不宜剁得太大，老姜要用芝麻油炒，这样才能激发食材特殊的美味。

特　　点：姜味十足，汤汁浓郁。

营　　养：鹅肉味甘平，有补阴益气、暖胃开津、祛风湿防衰老之功效。

项目十五 / 苦笋灌肠煲

主　　料：苦笋200克、灌肠250克。

辅　　料：鲜杏仁12克、虾仁15克、干香菇8克、葱段5克、蒜子8克、红椒片5克、浓汤150克。

调 味 料：味精3克、食盐4克、白糖4克、鸡汁15克、生粉30克、胡椒粉5克、食用油适量、蒜油10克。

烹调方法：煲。

制作方法：1. 将苦笋切菱形片冲水，灌肠蒸熟后切2厘米段，虾仁背部开刀去虾线，干香菇泡水对半切开备用。

2. 热锅热油炒香鲜杏仁、虾仁、香菇、葱段、蒜子、红椒片等料头，加入浓汤煮开后再依次加入味精、食盐、白糖、鸡汁、胡椒粉调味，最后加生粉勾薄芡，淋上蒜油装入煲中再次煲开即可。

操作要点：炒制配料的时候一定要炒香。

特　　点：苦笋苦中带甘，灌肠入味，味道鲜甜，胡椒粉味足。

营　　养：苦笋中含有丰富的纤维素，能促进肠蠕动，从而缩短胆固醇、脂肪等物质在体内的停留时间，故苦笋有减肥和预防便秘的功效。灌肠有补血、健脾、壮筋骨等作用。

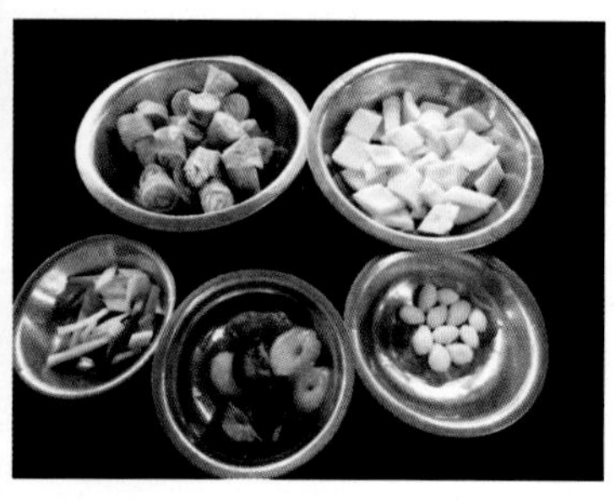

项目十六 / 太极海中煲

主　　料：海参皮300克、花胶300克。

辅　　料：上海青200克、京葱150克、浓汤1000克。

调 味 料：蚝油8克、冰糖3克、生抽3克、老抽2克、食盐2克、味精3克、加饭酒20克、食用油适量。

烹调方法：煲。

制作方法：1. 将京葱炸至金黄色，加入浓汤煮20分钟，过滤取汁，加蚝油、冰糖、老抽调味、调色备用。

2. 上海青取胆，改刀氽熟，锅中加水、蚝油、生抽、老抽、食盐、味精、加饭酒调味，放入海参皮和花胶氽煮。

3. 花胶、海参皮用京葱汁煲熟入味，分别摆入煲的两边，上海青摆中间，淋上京葱汁，小火煲5分钟即可。

操作要求：京葱汁要熬香。

特　　点：海参皮、花胶软糯，京葱味十足。

营　　养：海参皮脂肪含量相对较少，是典型的高蛋白、低脂肪、低胆固醇的食物，常食对身体健康有益。花胶的蛋白质含量较高，有增强体力和免疫力的作用。

项目十七 芋头猪脚煲

主　　料：槟榔芋1000克。

辅　　料：香菇猪脚罐头200克、青蒜30克、红椒30克。

调 味 料：蚝油25克、老抽5克、白糖8克、味精5克、鸡粉5克、胡椒粉2克、生粉30克、食用油适量。

烹调方法：烧。

制作方法：1. 将槟榔芋切块，红椒切片，青蒜切小段，备用。

2. 槟榔芋用六成的油温泡熟，红椒、青蒜焯水备用。

3. 锅中放入香菇猪脚罐头和炸好的槟榔芋，加入调味料进行调味，烧5分钟起锅装入特制的砂锅里。最后加生粉勾茨，淋上茨汁，撒上红椒、青蒜进行点缀，煲开即可。

操作要求：槟榔芋要用六成的油温泡，这样才能使芋头外酥、糯香。

特　　点：槟榔芋为碱性食品，可以调节人体的酸碱平衡。

营　　养：槟榔芋是淀粉含量颇高的优质蔬菜，口感细腻，具有特殊的风味，且营养丰富，含有粗蛋白、淀粉、多种维生素和无机盐等多种成分。槟榔芋具有补气养肾、健脾胃之功效，既是制作饮食点心、佳肴的上乘原料，又是滋补身体的营养佳品。

项目十八 / 三层肉炣豆腐

主　　料：三层肉（五花肉）200克、老豆腐500克。

辅　　料：蒜头20克、红椒20克、青蒜20克、生姜10克。

调 味 料：豆豉5克、蚝油15克、生抽15克、老抽10克、白糖10克、鸡粉5克、胡椒粉3克、食用油适量。

烹调方法：炣。

制作方法：1. 将三层肉切片，老豆腐切片，蒜头切段，青蒜切段，红椒切片，生姜切片，备用。

2. 三层肉烫水，用热油煸干，老豆腐用七成油温炸至金黄色。

3. 锅留底油放入蒜头、姜片、豆豉煸香，加水和豆腐，放入蚝油、生抽、老抽、白糖、鸡粉、胡椒粉等调味料。

4. 盖上锅盖炣，最后撒上青蒜、红椒片点缀即可。

操作要点：掌握豆腐炸制时的油温，油温过高、过低都会影响口感。

特　　点：豆腐饱含汤汁，三层肉的干香入味。

营　　养：豆腐的营养价值非常高，它的主要原料是大豆，大豆里的蛋白质与动物蛋白相似，有“植物肉”之称；同时，大豆还含有钙、磷、铁等人体需要的矿物质，含有维生素 B_1、维生素 B_2 和纤维素，却不含胆固醇；肥胖、动脉硬化、高脂血症、高血压、冠心病等患者可以多吃豆类和豆制品。

项目十九 荷塘藕飘香

主　　料：莲藕250克、虾胶150克。

辅　　料：杏鲍菇50克、芥蓝100克、红椒10克、黄椒10克、荸荠100克、蒜头10克、小葱10克、杏仁30克。

调 味 料：食盐10克、味精15克、白糖5克、生抽5克、胡椒粉3克、葱油5克、食用油适量。

烹调方法：煎、炒。

制作方法：1. 将莲藕去皮切连刀片，杏鲍菇切连刀片，两者中间夹入虾胶并用平底锅煎熟，加入食盐、味精、白糖煎香备用。

2. 芥蓝切斜刀，中间切开形成凤尾形状（泡水30分钟左右），荸荠、蒜头切片，小葱切葱段，红椒、黄椒切菱形片。

3. 芥蓝过水，热锅冷油炒香将芥蓝装入盘中垫底，锅内留余油煸香荸荠、蒜头、葱段、红椒片、黄椒片等料头，加入煎好的莲藕夹、杏鲍菇夹、杏仁，再加入食盐、味精、白糖、生抽、老抽、胡椒粉后快速翻炒，最后淋上葱油即可装盘。

操作要点：莲藕夹与杏鲍菇夹一定要煎熟，颜色金黄。

特　　点：莲藕爽脆、锅气十足、颜色搭配合理。

营　　养：莲藕中含有多种微量元素，还有大量的蛋白质和维生素等，具有很好的补益气血的作用。莲藕中的铁元素含量丰富，能够预防缺铁性贫血，是养阴补血的佳品。虾中含有钾、碘、镁、磷等矿物质，其肉质松软，清淡爽口，易于消化。

项目二十 炒烟笋

主　　料：烟笋350克。

辅　　料：培根80克、三层肉（五花肉）60克、红椒10克、香菜梗8克、猪油渣10克。

调 味 料：味精3克、食盐4克、冰糖6克、白糖3克、XO酱20克、生抽5克、辣鲜露3克、猪油25克。

烹调方法：爆炒。

制作方法：1. 将烟笋加水煮开，改刀去掉头部（老的部位），再次加水，加入味精、白糖、食盐、冰糖、生抽、辣鲜露、猪油渣煲煮60分钟后关火泡透。

2. 将培根、三层肉、XO酱入锅炒成烟笋的料头，红椒切丝、香菜梗切段备用。

3. 将泡软的烟笋切长段，再切成丝（火柴大小），热锅下入猪油炒香烟笋丝，加入味精、白糖、烟笋料头、生抽、辣鲜露炒干，起锅前加入红椒丝、香菜梗快速翻炒即可装盘。

操作要点：检查烟笋是否泡软、脆嫩。

特　　点：烟笋丝大小均匀、干爽油亮、鲜香爽辣。

营　　养：烟笋含有丰富的植物蛋白和膳食纤维、胡萝卜素、维生素B、维生素C、维生素E及钙、磷、铁等人体必需的营养成分。烟笋还具有吸附脂肪、促进食物发酵、助消化和促进排泄等作用。

项目二十一 / 焖小黄翅

主　　料：小黄翅600克。

辅　　料：酱瓜200克、生姜15克、蒜头10克、红椒10克、葱油10克。

调 味 料：味精4克、食盐2克、白糖4克、生抽15克、老抽5克、猪油30克。

烹调方法：焖。

制作方法：1. 将小黄翅冲水洗净，生姜切片、蒜头切段、红椒切菱形片备用。

2. 热锅热油炒香豆豉、生姜片、酱瓜等料头，逐一加入小黄翅、水、味精、食盐、白糖、生抽、老抽焖煮小黄翅收汁，随后加入蒜段、红椒片再次焖煮，起锅前淋上少许葱油即可。

操作要点：焖煮小黄翅的时候注意保持鱼的完整性。

特　　点：本菜品属于咸香型，鱼肉鲜嫩、色泽油亮。

营　　养：小黄翅含有丰富的蛋白质、微量元素和维生素，对体质虚弱的人群和中老年人来说，食用小黄翅有很好的食疗效果。小黄翅含有丰富的微量元素硒，能清除人体代谢产生的自由基，延缓衰老。

项目二十二 / 炣杂鱼

主　　料：黄瓜鱼200克、油带鱼200克、龙舌200克。

辅　　料：酱瓜200克、生姜15克、青蒜10克、红椒10克。

调 味 料：味精4克、食盐2克、白糖4克、生抽15克、老抽5克、豆豉12克、葱油10克、猪油30克。

烹调方法：炣。

制作方法：1. 将黄瓜鱼、油带鱼、龙舌冲水洗净切块，生姜切片、青蒜切段、红椒切菱形片备用。

2. 热锅热油炒香豆豉、姜片、酱瓜等料头，再逐一加入鱼块、水、味精、食盐、白糖、生抽、老抽炣煮鱼收汁，随后加入蒜段、红椒片再次炣煮，起锅前淋上少许葱油即可。

操作要点：烹煮鱼的时候注意保持鱼的完整性。

特　　点：本菜品属于咸香型，鱼肉鲜嫩、色泽油亮。

营　　养：黄瓜鱼营养丰富，鲜品中蛋白质含量高，钙、磷、铁、碘等矿物质含量也很高，且鱼肉组织柔软，易于人体消化吸收。油带鱼的脂肪含量高于一般鱼类，且多为不饱和脂肪酸，这种脂肪酸的碳链较长，具有降低胆固醇的作用。

项目二十三 / 客家酿豆腐

主　　料：老豆腐800克。

辅　　料：猪肉50克、干香菇10克、小葱20克、蒜头20克、浓汤80克。

调 味 料：味精10克、食盐5克、白糖15克、蚝油15克、老抽5克、生抽10克、生粉30克、葱油10克、食用油适量。

烹调方法：酿。

制作方法：1. 将老豆腐一开二切成长块，猪肉剁成肉末，干香菇泡透后切成末，小葱、蒜头切成末备用。

2. 在老豆腐中间挖一个圆形的窝，将肉末、食盐、蚝油、香菇末、葱末、蒜末调成的馅嵌入豆腐窝中，再用平底锅将豆腐煎制两面金黄色后摆入盘中。

3. 热锅热油炒香葱末、香菇末、蒜头等料头，加入浓汤、食盐、白糖、味精、蚝油、老抽、生抽等进行调味，最后加生粉勾薄芡，将芡汁与葱油淋在煎好的豆腐酿上即可。

操作要点：注意保持豆腐的完整度。

特　　点：豆腐大小均匀，表皮无破损，味道咸香。

营　　养：豆腐除了有补中益气、清热润燥、生津止渴、帮助消化、增进食欲的功能外，对牙齿、骨骼的生长发育也颇为有益。

项目二十四 / 淡糟香螺片

主　　料：红螺肉350克。

辅　　料：西芹250克、姜米3克、葱段3克、蒜米3克。

调 味 料：味精5克、食盐3克、白糖8克、芝麻油5克、红糟30克、福建老酒20克、食用油适量。

烹调方法：炒。

制作方法：1. 螺肉洗净切成薄片（或切连刀片），西芹改刀成菱形片。

2. 红糟中加入福建老酒、白糖、食盐、味精等调味料后用机器搅打均匀备用。

3. 螺片用80℃水轻烫即可捞起沥干水分，西芹过水垫入盘中。

4. 锅内留余油煸香姜米、葱段、蒜米等料头，将调好的糟汁炒香后倒入螺片快速翻炒，淋上芝麻油装入盘中即可。

操作要点：螺片厚薄均匀，糟味要足。

特　　点：螺片清脆滑爽，糟香扑鼻。

营　　养：红糟具有降低胆固醇、降血压、降血糖等功效，更有难能可贵的天然红色素，是美味健康的天然食品。螺片含有丰富的维生素A、蛋白质、铁和钙等营养元素，易被人体吸收。

项目二十五 / 红焖黑草羊

主　　料：黑草羊1500克。

辅　　料：生姜30克、小葱20克、蒜头15克、蒜叶15克、红椒10克。

调 味 料：味精20克、食盐8克、冰糖30克、蚝油16克、、罗汉果10克、桂皮10克、陈皮5克、豆蔻5克、老抽10克、生抽15克、柱候酱25克、腐乳25克、胡椒粉5克、芝麻油5克、高粱酒25克、生粉30克、食用油适量。

烹调方法：焖。

制作方法：1. 用火枪烧掉黑草羊表皮的羊毛后，将其洗净切块，捞水备用。

2. 热锅冷油先将冰糖熬成糖色，将锅烧热炒香生姜、小葱、蒜头，加入羊肉干煸至羊皮紧缩，淋上高粱酒后加入罗汉果、桂皮、陈皮、豆蔻、水以及调味料一起焖煮。

3. 羊肉焖透后，挑出辅料将羊肉摆入煲中，汤汁加生粉勾芡后淋在羊肉上，撒上蒜叶、红椒片即可。

操作要点：羊肉色泽酱红最佳，肉质要焖软烂。

特　　点：羊肉无骚味，味道咸香。

营　　养：羊肉鲜嫩，营养价值高，具有补肾壮阳、补虚温中等作用，凡肾阳不足、腰膝酸软、腹中冷痛、虚劳不足者皆可用它做食疗品。

项目二十六　松香斑鱼酥

主　　料：红娘鱼600克。

辅　　料：肉松200克、香菜30克、面包片20克、胡萝卜15克、鸡蛋100克。

调 味 料：食盐3克、味精4克、鸡粉10克、沙拉酱80克、食用油适量、生粉30克。

烹调方法：炸。

制作方法：1. 把红娘鱼洗净吸干水分，加入榨好的胡萝卜汁、食盐、味精、鸡粉进行腌制。面包片切粒、香菜切末、鸡蛋打散，备用。

2. 将腌好的红娘鱼吸干水分，拍上少许生粉，裹上全蛋浆后再拍上面包粒备用。

3. 热锅热油将拍上面包粒的红娘鱼炸金黄，沥干油分后摆盘，再挤上沙拉酱，撒上肉松、香菜末即可。

操作要点：红娘鱼要均匀地拍上面包粒。

特　　点：本菜品外香里嫩，颜色金黄。

营　　养：鱼肉中含有丰富的优质蛋白，易消化吸收；脂肪含量低，供热能低；还含有钙、钾、锌等矿物质，以及维生素A、维生素D及B族维生素等。

项目二十七 / 五谷烩辽参

主　　料：辽参1条。

辅　　料：红腰豆10克、燕麦5克、淮山粒10克、鹰嘴豆5克、玉米粒10克、浓汤50克、上海青1颗、南瓜汁30克、生姜5克、小葱5克。

调 味 料：生抽30克、鸡汁10克、味精10克、食盐5克、鸡粉5克、鸡油3克、生粉10克。

烹调方法：烩。

制作方法：1. 把生姜切片、小葱切段。将红腰豆、燕麦、鹰嘴豆、淮山粒、玉米粒放入锅中加水煮熟，摆入碗中备用，涨发好的辽参拉油后加入姜片、葱段、生抽炒香，挑出姜片、葱段，将入味的辽参摆入碗中。

2. 在浓汤中倒入南瓜汁，煮开后加入鸡汁、味精、食盐、鸡粉调味，加生粉勾芡，最后收芡汁与鸡油淋在五谷辽参中即可。

操作要点：辽参烩制需掌握好火候，防止辽参脱水。

特　　点：辽参味道咸香，无腥味、无出水。

营　　养：辽参味甘咸，补肾，益精髓，其性温补，具有提高记忆力、延缓性腺衰老等作用。

项目二十八 / 深沪甜芋

主　　料：芋头500克。

辅　　料：干葱头10克。

调 味 料：白糖100克。

烹调方法：煲、煮。

制作方法：1. 芋头刨皮切块备用。

2. 煲中加入水、白糖和切好的芋头一起中小火煲熟收汁，最后撒上备好的干葱头即可。

操作要点：要用中小火煲，防止烧焦。

特　　点：芋头外酥里嫩，甜而不腻。

营　　养：深沪芋头是淀粉含量颇高的优质蔬菜，口感细腻，具有特殊的风味，且营养丰富，含有粗蛋白、维生素和无机盐等多种成分。

项目二十九 / 佛跳墙

主　　料：辽参10条、涨发干鲍10个、花胶150克、蹄筋200克、水发香菇150克、鸭蛋10颗、元贝10个、鱼唇100克。

辅　　料：生姜10克、小葱10克、香叶3克、八角5克、香菜15克、京葱10克、高汤1000克、荷叶1张。

调 味 料：味精15克、食盐5克、冰糖15克、鸡汁10克、鸡粉5克、鱼露3克、绍兴花雕酒200克、福建老酒50克。

烹调方法：煲。

制作方法：1. 鸭蛋煮熟剥壳备用，其他主料提前涨发煲制好。

2. 锅中倒入少许高汤，再将主料逐一过汤后按顺序摆入特制坛中，炒香辅料倒入高汤加调味料煮开，随后将过滤出来的汤头倒入坛中，坛口用荷叶包好，入蒸笼蒸透。

操作要点：汤底要煲够味，保证汤清味浓、香气扑鼻。

特　　点：用料多为海鲜珍品，制作方法独特，味浓醇香。

营　　养：佛跳墙荤香可口，不油不腻，补肾、补血，滋补强身，有较高的食疗价值。

模块五 创新类菜肴制作

知识目标

1. 了解各种创新类菜肴主料的特点。
2. 了解各种创新类菜肴的营养。

技能目标

1. 掌握各种创新类菜肴制作需要的主料、辅料、调味料的种类和用量。
2. 掌握各种创新类菜肴的烹调方法、制作方法和操作要点。

素质目标

烹饪是文化，是科学，是技术。传统菜肴是前人经验之总结，创新菜肴则是今人创制之新品。传统是创新的基础，创新是传统的发展。菜肴创新，应该在尊重传统，以味为主的前提下，按照“原料有新开发，技法有新开拓，工艺有新改进，调味有新突破，形状有新构思”的原则进行。商汤《盘铭》中就有“苟日新，日日新，又日新”的创新名言。当今的烹饪工作者应秉承这一精神对烹饪艺术不断地挖掘、探索、求新。

思考讨论：

在餐饮行业日新月异的今天，如何才能紧跟时代步伐，做行业的引领人?

项目一 三峡石烤肉

主　　料：猪颈肉350克。

辅　　料：葱花5克、蒜蓉10克、芝麻8克、红椒粒15克、蔬菜汁100克（西芹、青瓜、胡萝卜、香菜等）。

调 味 料：食盐3克、味精5克、白糖3克、蚝油5克、鸡粉3克、胡椒粉2克、孜然粉5克、食用油适量。

烹调方法：炸、炒。

制作方法：1. 猪颈肉切条冲水洗净，加入蔬菜汁、食盐、味精、白糖、蚝油、鸡粉、胡椒粉等进行腌制，最后淋上少许油放入冰箱储藏30分钟左右。

2. 热锅热油，将腌好的猪颈肉放入炸透，酥脆后沥干油分，锅内留余油将鹅卵石一起炸好摆入盘中垫底。

3. 热油炒香红椒粒、蒜蓉，加入炸好的猪颈肉快速翻炒，撒上孜然粉、芝麻、葱花即可装盘。

操作要点：炸猪颈肉时要注意火候的控制。

特　　点：猪颈肉干香、酥脆，孜香味足。

营　　养：猪颈肉含有丰富的优质蛋白质和必需的脂肪酸，并提供血红素（有机铁）和促进铁吸收的半胱氨酸，能改善人体的缺铁性贫血。

项目二 虫草花焖鹿筋

主　　料：鹿筋750克

辅　　料：虫草花100克、上海青200克、小葱30克。

调 味 料：葱烧汁500克、蚝油30克、冰糖20克、生抽15克、老抽10克、葱油10克、生粉30克、食用油适量。

烹调方法：焖。

制作方法：1. 鹿筋反复进行泡煮，清除黏膜备用。

2. 上海青洗净改刀，小葱洗净切成葱花，虫草花洗净去除头尾。

3. 鹿筋加入老抽调色，拉油后沥干油分；上海青过水摆入盘中备用。

4. 锅洗净，加入熬好的葱烧汁和蚝油、冰糖、生抽、老抽一起煮开，将过好油的鹿筋、虫草花加入锅中，中小火焖煮10分钟，加生粉勾芡淋入葱油，装入盘中，撒上葱花即可。

操作要点：鹿筋要反复泡煮，保证鹿筋内外软透。

特　　点：鹿筋软糯，葱香十足。

营　　养：鹿筋含多种氨基酸以及钠、铁、锰等矿物质，故鹿筋具有补肾阳、壮筋骨之功效。

项目三 红菇焖豆腐

主　　料：红菇50克、老豆腐1000克。

辅　　料：虾干30克、鱿鱼干30克、猪肉30克、青蒜20克、鸡汤100克。

调　　料：蚝油15克、味精10克、白糖5克、食盐5克、鸡粉3克、食用油适量。

制作方法：1. 将老豆腐用手掰成块状，猪肉切片，青蒜切段。

2. 将老豆腐、红菇、虾干、鱿鱼干、猪肉放入煲中，并倒入鸡汤，加入蚝油、味精、白糖、食盐、鸡粉进行调味，煲15分钟后，加入青蒜段即可出锅。

烹调方法：煲。

操作要点：要用小火把老豆腐煲入味。

特　　点：红菇的香味可以完全融入在老豆腐当中。

营　　养：红菇含有蛋白质、碳水化合物、矿物质、维生素B、维生素D、维生素E，并含有其他食品中稀少的尼克酸，铁、锌、硒、锰等矿物质。

项目四 桂花炒蟹肉

主　　料：花蟹500克。

辅　　料：小葱100克、荸荠50克、肥膘肉30克、鸡蛋300克。

调 味 料：食盐4克、味精5克、白糖5克、胡椒粉3克、食用油适量。

烹调方法：煎炒。

制作方法：1. 将花蟹洗净蒸熟去壳拆肉，小葱切末，荸荠、肥膘肉切薄片，鸡蛋打散备用。

2. 将蟹肉、葱末、鸡蛋等加入食盐、味精、白糖、胡椒粉进行调味，搅拌均匀备用。

3. 热锅冷油，将搅拌好的蟹肉鸡蛋浆煎炒出香味，形似梅花状时，起锅装盘即可。

操作要点：翻炒迅速均匀，切忌糊锅。

特　　点：成品颜色金黄，不出水，干香。

营　　养：蟹肉富含蛋白质大量的蛋白质，维生素A、维生素B_1、维生素B_2等多种维生素，以及磷、钙、铁等矿物质。高胆固醇、高嘌呤、痛风患者食用时应自我节制，患有感冒、肝炎、心血管疾病的人不宜食蟹。

项目五 酱爆鹅肝

主　　料：鹅肝200克。

辅　　料：韭菜头100克、彩椒50克、洋葱50克、生姜10克、小葱10克、蒜头10克。

调 味 料：味精3克、蚝油8克、食盐2克、白糖5克、生粉20克、胡椒粉5克、XO酱20克、食用油适量。

烹调方法：爆炒。

制作方法：1. 将鹅肝切小块煎成两面金黄，彩椒、洋葱切菱形片，小葱切段，生姜、蒜头切片备用。

2. 将煎好的鹅肝拍上少许生粉，用六成油温入锅炸后沥干油分，彩椒、洋葱过水。

3. 锅内留余油将XO酱、生姜、小葱、蒜头等料头炒香，加入彩椒、洋葱、韭菜头、鹅肝后再次加入味精、蚝油、食盐、白糖、胡椒粉调味，快速爆炒加生粉勾芡起锅装盘即可。

操作要点：煎鹅肝要注意火候的控制。

特　　点：鹅肝外酥里嫩，无出油。

营　　养：鹅肝富含蛋白质、铁元素、维生素A，具有补铁、保护视力等作用。

项目六　小黄鱼炒豆芽

主　　料：小黄鱼300克。

辅　　料：豆芽200克、韭菜头50克、红椒丝20克、姜片10克、蒜片10克。

调 味 料：食盐5克、味精5克、白糖3克、八角5克、桂皮5克、香叶2克、加饭酒5克、生粉30克、胡椒粉2克、芝麻油5克、食用油适量。

烹调方法：炒。

制作方法：1. 将小黄鱼去除内脏冲洗干净，加入食盐、八角、桂皮、香叶等腌制后进行烘干，留头尾，其余切长条；豆芽去头尾备用。

2. 热锅热油，小黄鱼肉抓上生粉后炸至金黄酥脆，锅内留余油炒香豆芽、韭菜头、红椒丝等辅料后垫底。

3. 热锅冷油炒香姜片、蒜片，淋上少许加饭酒，快速翻炒小黄鱼肉，加入食盐、味精、白糖、加饭酒、胡椒粉进行调味，加生粉勾芡，起锅前淋上芝麻油即可。

操作要点：豆芽炒均匀，无出水现象。

特　　点：小黄鱼肉咸香，豆芽无出水。

营　　养：小黄鱼含有丰富的蛋白质、微量元素和维生素，对人体有很好的补益作用。

项目七 姜爆乌鸡

主　　料：乌鸡600克。

辅　　料：老姜100克、西芹50克、香菜50克、蒜头50克。

调　　料：生抽25克、蚝油25克、加饭酒30克、味精20克、白糖20克、生粉25克、芝麻油30克、食用油适量。

烹调方法：爆炒。

制作方法：1. 西芹、香菜、蒜头加250克的水熬成100克的蔬菜水，再加生抽、蚝油、加饭酒、味精、白糖调味熬成酱汁备用。

2. 将老姜切片，乌鸡斩成小块拍上生粉炸熟备用。

3. 净锅倒入芝麻油、煸香后的老姜、炸好的鸡块，最后淋上熬好的酱汁快速翻炒出锅装盘即可。

操作要点：酱汁要熬香，乌鸡块要炸制干香酥脆。

特　　点：乌鸡嫩而不老。

营　　养：乌鸡中含有丰富的蛋白质、氨基酸以及各种微量元素，能为机体提供充足的营养。

项目八 / 角瓜烩螺片

主　　料：角瓜300克、螺肉50克。

辅　　料：虫草花20克、草菇20克、芹菜15克、红椒片10克、高汤500克。

调 味 料：味精5克、食盐4克、白糖6克、胡椒粉3克、鸡汁10克、生粉20克、葱油10克。

烹调方法：烩。

制作方法：1. 将角瓜去皮切块，螺肉切片，虫草花泡水，草菇对半切开，芹菜切段备用。

2. 热锅将高汤烧开加入角瓜、虫草花、草菇一起烩煮，加入味精、食盐、白糖、胡椒粉、鸡汁进行调味。

3. 起锅前加入螺片再次烩煮，撒上芹菜段、红椒片，加生粉勾薄芡后淋上葱油即可。

操作要点：螺肉切片要厚薄均匀，烩的时间不能过长，否则会老硬。

特　　点：角瓜香甜，螺片脆爽，汤香甜。

营　　养：角瓜含有较多维生素C、葡萄糖等营养成分，尤其是钙的含量较高，可食用人群广泛。

项目九 珍菌脆香柳

主　　料：海鳗350克、目鱼200克、海鲜菇250克。

辅　　料：莴笋100克、红椒50克、黄椒50克、蛋黄30克。

调　　料：烧汁30克、味精10克、白糖2克、、生粉30克、食用油适量。

烹调方法：炒。

制作方法：1. 将海鳗、目鱼、莴笋、红椒、黄椒洗净切条。

2. 把目鱼、莴笋、红椒、黄椒焯水，海鳗加蛋黄拍生粉，放入六成油温炸成金黄色，海鲜菇炸酥脆捞出。

3. 锅中留底油，将炸过的海鳗、海鲜菇加入烧汁、味精、白糖翻炒，最后加入目鱼、莴笋、红椒等翻炒均匀即可。

操作要点：炸的过程中要控制油温，炒的时候要大火快炒。

特　　点：海鳗、海鲜菇金黄香脆，烧汁味道十足。

营　　养：海鳗肉质富含蛋白质、不饱和脂肪酸、磷脂类及维生素和矿物质，具有祛风通络、补虚损、解毒的功效。

项目十 芥蓝炒澳带

主　　料：芥蓝200克、澳洲带子400克。

辅　　料：百合50克、蒜片15克、彩椒20克、蛋清50克、生粉25克。

调 味 料：味精3克、食盐5克、鸡粉5克、白糖3克、胡椒粉2克、葱油5克、生粉30克、食用油适量。

烹调方法：炒。

制作方法：1. 将澳洲带子加入味精、白糖、胡椒粉、蛋清、生粉腌制，芥蓝切斜刀片、彩椒切菱形片备用。

2. 将腌制好的澳洲带子用平底锅煎到两面金黄备用，把改刀好的芥蓝过水、炒香垫入盘中。

3. 锅内留余油，炒香蒜片、彩椒片、百合后加入煎好的澳洲带子，用味精、鸡粉、食盐、白糖、胡椒粉调味，最后加生粉勾薄芡淋上葱油即可。

操作要点：要开大火爆炒。

特　　点：澳洲带子外香里嫩，大小均匀。

营　　养：澳洲带子含有丰富的蛋白质、纤维素，适用人群广泛。

项目十一 / 小蚌炒鸽脯

主　　料：小蚌200克、鸽子肉150克。

辅　　料：荷兰豆50克、百合15克、黑木耳25克、彩椒片20克、葱段20克、蒜片10克。

调 味 料：食盐10克、味精15克、白糖10克、老抽4克、生抽5克、生粉25克、加饭酒5克、胡椒粉2克、芝麻油5克、食用油适量。

烹调方法：炒。

制作方法：1. 将鸽子肉切薄片，冲水后沥干水分加入食盐、味精、白糖、老抽、芝麻油进行腌制，小蚌去壳取肉对半切开；荷兰豆、百合进行改刀。

2. 热锅冷油，将鸽子肉过油断生，锅内留余油将拉过油的鸽子肉煎香，加入生抽、加饭酒、胡椒粉炒熟备用；蚌肉用85℃的水汆烫开；荷兰豆、百合、黑木耳过水炒香垫底。

3. 热锅热油将蒜片、葱段炒香，加入鸽子肉、蚌肉、彩椒片一起爆炒，再加入食盐、味精、白糖、生抽、加饭酒、胡椒粉调味，加生粉勾薄芡后淋上芝麻油即可装盘。

操作要点：鸽子肉腌制后要保持滑嫩的口感。

特　　点：蚌肉质鲜美，鸽子肉味道咸香。

营　　养：蚌肉含有丰富的蛋白质、脂肪、糖类、钙、磷、铁、维生素A、维生素B；此外，还含有碳酸钙、亮氨酸、蛋氨酸、丙氨酸、谷氨酸、天门冬氨酸等成分。鸽子肉含有丰富的蛋白质、氨基酸、膳食纤维软骨素、脂肪、碳水化合物、维生素、胡萝卜素等多种营养成分，还含有胆固醇和叶酸等物质；食用后不仅对身体健康有一定的好处，而且还可以促进伤口愈合。

项目十二 养生石锅黑豆腐

主　　料：黑豆腐750克。

辅　　料：黑豆250克、鸡蛋200克、目鱼条30克、虾仁30克、金针菇40克、葱花10克、葱白10克、二汤350克。

调 味 料：食盐10克、味精15克、白糖5克、蚝油8克、鸡粉5克、老抽5克、葱油5克、胡椒粉2克、生粉20克、食用油适量。

烹调方法：焖。

制作方法：1. 黑豆腐切块备用；黑豆泡软后，用榨汁机打成汁过滤，黑豆汁加入打散的鸡蛋、食盐搅拌均匀过滤后蒸熟，冷却切块备用。

2. 目鱼条、虾仁过水后沥干水分，金针菇过水垫入石锅中。

3. 热锅热油，将切好的黑豆腐炸透备用，锅中留余油炒香葱白，放入二汤、目鱼条、虾仁、黑豆腐，再加入食盐、味精、白糖、蚝油、鸡粉、老抽、胡椒粉进行调味煮开收汁，加生粉勾芡淋上葱油即可装入石锅中，最后撒上葱花点缀。

操作要点：黑豆汁、鸡蛋、食盐的配比要精确，这样制作出来的豆腐口感更佳。

特　　点：黑豆腐大小均匀，外弹里嫩，汤汁咸香浓郁。

营　　养：豆腐营养丰富，含有铁、钙、磷、镁等人体必需的微量元素，还含有植物油和丰富的优质蛋白，素有“植物肉”之美称。

项目十三 / 紫菜扣元贝

主　　料：紫菜400克、元贝10颗。

辅　　料：水发花菇50克、蚝干30克、上海青30克。

调 味 料：味精15克、食盐10克、白糖10克、蚝油16克、老抽6克、鸡汁15克、蒜油10克、生粉25克。

烹调方法：扣。

制作方法：1. 将紫菜洗净沥干水分下锅煮，加入蚝油、味精、食盐、白糖、鸡汁、蒜油进行调味备用。

2. 元贝、蚝干加少许水蒸透，水发花菇用温水泡发后加入白糖、蚝油、老抽进行煨煮，上海青烫水备用。

3. 将元贝、蚝干、花菇垫入碗中，将煮透的紫菜填入碗中然后倒扣在盘中，加生粉勾芡淋上芡汁，摆上上海青即可。

操作要点：元贝要蒸到软烂但无破损，紫菜要顺滑。

特　　点：海鲜的鲜味与紫菜的清香很好地融合在一起，汤汁浓郁。

营　　养：紫菜营养丰富，其蛋白质、铁、磷、钙、胡萝卜素等含量居各种蔬菜之冠，故紫菜又有“营养宝库”的美称。元贝富含蛋白质、碳水化合物、钙、磷、铁等多种营养成分。

项目十四 / 牛气冲天

主　　料：黄牛头肉500克。

辅　　料：姜片15克、蒜片10克、蒜苗10克、红椒片8克、香菜梗15克、卤水20斤。

调 味 料：味精5克、白糖10克、蚝油15克、老抽4克、胡椒粉15克、生粉25克、黑椒汁50克、孜然粉10克、食用油适量。

烹调方法：卤、炒。

制作方法：1. 将黄牛头过水洗净后，流水冲漂6小时左右，再用卤水卤1小时左右。

2. 将卤好的牛头放凉取肉，眼部的牛肉切粒备用，其余切片备用。

3. 热锅热油，将牛肉片中高温炸酥，锅内留余油煸炒香姜片、蒜片、蒜苗、红椒片、香菜梗，加入味精、白糖、蚝油、老抽、胡椒粉、黑椒汁、孜然粉炒制香，撒上香菜梗后再次快速翻炒装盘，剩余牛肉粒加入卤水，蒸热后捞出牛肉粒放入原先取肉位置，淋上卤水加生粉勾芡的卤汁即可。

操作要点：牛头肉要卤脱骨。

特　　点：牛肉双味型明显，无膻味。

营　　养：牛肉含有丰富的蛋白质、脂肪、烟酸、钙、磷、铁等成分，具有益气养胃、促进伤口愈合等功效。

项目十五 / 烧汁芋香鳕鱼

主　　料：槟榔芋250克、鳕鱼200克。

辅　　料：洋葱15克、小葱15克、蛋黄30克、蔬菜汁750克。

调 味 料：烧汁200克、味精5克、葱油5克、白糖10克、生粉20克、食用油适量。

烹调方法：炸、烧。

制作方法：1. 将槟榔芋切片，鳕鱼洗净切片加入蔬菜汁腌制，洋葱切丝，小葱切段备用。

2. 鳕鱼片吸干水分，加入少许蛋黄搅拌均匀，和槟榔芋片一起裹上生粉入锅炸酥脆。

3. 洋葱炒香垫在锡纸上面，将炸好的槟榔芋片、鳕鱼片按顺序摆好。

4. 锅中倒入调好的烧汁，加入少许味精、白糖、生粉进行调味勾薄芡，加入少许葱油后淋在炸好的原料上，最后撒上洋葱丝、葱段，用锡纸包好烧开即可。

操作要点：烧鳕鱼片的时候要注意保持鱼片的完整。

特　　点：成品外酥里嫩，香味十足。

营　　养：鳕鱼含有丰富的营养物质，如蛋白质、维生素A、维生素D、钙、镁、硒等营养成分。鳕鱼鱼脂中含有球蛋白、白蛋白等，含有儿童发育所必需的各种氨基酸，其比值和儿童的需要量非常相近，容易被人体消化吸收。

项目十六 / 石锅牛仔骨

主　　料：牛仔骨600克。

辅　　料：洋葱100克、青红椒50克、青瓜150克、西芹50克、蒜头5克、胡萝卜15克。

调 味 料：黄油25克、味精10克、白糖15克、加饭酒30克、蚝油20克、食盐2克、黑椒汁20克、老抽10克、生粉30克、食用油适量。

烹调方法：焖、煮。

制作方法：1. 将牛仔骨切成大小均匀的块，冲净血水后备用，将部分洋葱、部分青红椒、青瓜、西芹、蒜头、胡萝卜等辅料打成蔬菜汁，把牛仔骨用蔬菜汁和味精、黑椒汁、老抽、白糖、加饭酒、蚝油、食盐、生粉一起腌制2小时，余下的洋葱切丝、青红椒切粒备用。

2. 热锅热油将腌好的牛仔骨炸熟。

3. 锅内留余油炒香洋葱垫入石锅中，加入黄油炒香青红椒粒，撒上加饭酒进行调味，随后下入牛仔骨焖煮，加生粉勾薄芡装入石锅中即可。

操作要点：牛仔骨要腌入味，焖煮火候掌握适度。

特　　点：牛仔骨外香里嫩，黑椒风味足。

营　　养：牛肉能提高机体抗病能力，对人体的生长发育及术后、病后调养时补充失血、修复组织等方面特别适宜。牛肉可暖胃，是秋冬季的补益佳品。

项目十七 / 石锅炖松茸

主　　料：冰鲜松茸200克。

辅　　料：鸡肉1000克、瘦肉250克。

调 味 料：味精10克、食盐6克、白糖2克。

烹调方法：炖。

制作方法：1. 将鸡肉洗净切块，开水中过水，将瘦肉洗净切块，与过水的鸡块、矿泉水一起炖4小时，取出汤头1000克。

2. 鲜松茸洗净，用陶瓷刀纵切成三段，石锅中加入汤头煮开，将切好的松茸和调味料加入锅中烧10分钟即可。

操作要点：石锅要预热，才能激发松茸特有的香味。

特　　点：汤汁清澈，松茸菌味十足，清香。

营　　养：松茸含有丰富的蛋白质，以及多种微量元素和不饱和脂肪酸等营养成分，可以提高身体抵抗力。

项目十八 石锅绣球菌

主　　料：绣球菌250克。

辅　　料：京葱200克、净螺肉100克、青椒15克、红椒15克。

调 味 料：生抽15克、鲍汁200克、食用油适量。

烹调方法：焗。

制作方法：1. 绣球菌去头洗净撕成片，螺肉切成薄片，京葱切段，青椒、红椒切圈备用。

2. 螺肉片用80℃水温氽熟后沥干水分，京葱在石锅中炒香加入少许生抽拌均匀，随后加入绣球菌、螺肉片再次煸炒香，淋上鲍汁，盖上盖子即可。

操作要点：石锅要预热，绣球菌要吸干表皮的水分，这样才能保持最佳的口感。

特　　点：绣球菌清香可口，螺片脆嫩。

营　　养：绣球菌含有大量抗氧化物质，可防止活性氧对机体的伤害，具有抗氧化、抗衰老的作用。

项目十九 / 砂锅焗鲈鳗

主　　料：鲈鳗600克。

辅　　料：姜块30克、香菜梗10克、红葱头30克、蒜头30克、泰椒10克。

调 味 料：味精10克、食盐5克、白糖5克、蚝油15克、老抽5克、生抽15克、芝麻油20克、加饭酒10克。

烹调方法：焗。

制作方法：1. 将鲈鳗洗净切1厘米长的段，加入味精、食盐、白糖、蚝油、老抽、生抽、加饭酒进行腌制，泰椒切圈备用。

2. 砂锅烧热加入芝麻油炒香姜块、红葱头、蒜头后将腌好的鲈鳗整齐地摆入砂锅中，撒上泰椒圈焗8分钟。最后撒上香菜梗即可。

操作要点：注意保持鲈鳗的嫩度，要掌握好时间。

特　　点：鲈鳗味道鲜香，嫩度刚好。

营　　养：鲈鳗含有丰富的优质蛋白和各种人体所必需的氨基酸，其中所含的磷脂，为脑细胞不可缺少的营养素。另外，鲈鳗还含有被俗称为“脑黄金”的DHA和EPA，含量均比其他肉类高。

项目二十 / 炭烤猪颈肉

主　　料：猪颈肉850克。

辅　　料：小葱20克、蒜头25克。

调 味 料：味精3克、食盐4克、白糖30克、蚝油16克、叉烧酱30克、麦芽糖5克、八角3克、桂皮3克、香叶3克。

烹调方法：烤。

制作方法：1. 小葱切段、蒜头切末备用。将猪颈肉洗净去除油脂，加入味精、食盐、白糖、蚝油、叉烧酱、麦芽糖等调料，再放入八角、桂皮、香叶、小葱、蒜头一起腌制6小时。

2. 将猪颈肉上挂炉炭火烤至表皮金黄，切除边角料后进行改刀装盘即可。

操作要点：猪颈肉改刀要均匀，腌制要入味，掌握好烤的时间。

特　　点：猪颈肉味道咸甜十足，有淡淡的果木味道。

营　　养：猪颈肉含有丰富的优质蛋白质和人体必需的脂肪酸，并能提供血红素（有机铁）和促进铁吸收的半胱氨酸，多食用有助于改善缺铁性贫血。

项目二十一 红烧大鲍鱼

主　　料：大鲍鱼1000克。

辅　　料：猪上排300克、鸡架500克、生姜25克、小葱25克、蚝干30克、西蓝花150克、二汤3000克。

调 味 料：味精25克、食盐10克、蚝汁25克、蚝油150克、冰糖20克、老抽25克、鲍鱼汁150克。

烹调方法：红烧。

制作方法：1. 将大鲍鱼去壳洗净放入由辅料加调味料调成的卤汁中煲3小时备用。

2. 西蓝花在开水中过水，捞起摆盘，将煲好的鲍鱼切成十片，放回壳中，淋上鲍鱼汁摆盘即可。

操作要点：要严格配比卤汁的调味，鲍鱼要泡煮入味。

特　　点：鲍鱼肉质鲜美且有弹性，味道鲜香。

营　　养：鲍鱼营养丰富，含有蛋白质、脂肪、碳水化合物，还含有较多的钙、铁、碘和维生素A、维生素B、维生素C；鲍鱼具有补肝肾、解酒毒及明目等功效。

项目二十二 / 茶香牛仔骨

主　　料：牛仔骨450克。

辅　　料：茶叶70克、洋葱15克、青椒10克、红椒10克。

调 味 料：椒盐粉10克、食用油适量。

烹调方法：炸。

制作方法：1. 将牛仔骨腌制入味，茶叶用温水泡开，洋葱、青椒、红椒切菱形片备用。

2. 热锅热油将牛仔骨炸至金黄酥脆，茶叶也一起炸香备用。

3. 锅内留余油将洋葱与青椒、红椒煸炒后加入牛仔骨、茶叶一起炒干，最后撒上椒盐粉装盘即可。

操作要点：茶叶不能炸焦。

特　　点：牛仔骨肉质脆嫩，颜色金黄，茶香四溢。

营　　养：牛仔骨易消化，能增强免疫力、化痰止咳、强筋壮骨、补中益气、滋养脾胃。

项目二十三 / 生焖小青斑

主　　料：青斑鱼650克。

辅　　料：海鲜菇100克、生姜30克、小葱20克、香菜梗20克、蒜头20克、红葱头20克、蛋黄30克、生粉50克、高汤200克。

调 味 料：味精5克、蚝油20克、食盐3克、白糖5克、胡椒粉2克、老抽5克、生抽20克、生粉25克、食用油适量。

烹调方法：焖、煲。

制作方法：1. 将青斑鱼宰杀洗净，加入食盐、味精腌制，抹上蛋黄、生粉备用。

2. 热锅热油将海鲜菇炸至金黄色，用生抽炒香，将海鲜菇、生姜、小葱、蒜头、红葱头一起放进煲中垫底。

3. 热锅热油将腌好的青斑鱼炸断生，用剪刀剪去背上的鱼刺摆入煲中，淋上用高汤、味精、蚝油、食盐、白糖、胡椒粉、老抽、生粉调成的芡汁，最后撒上香菜梗放入煲仔锅中煲开即可。

操作要点：青斑鱼要提前腌入味，高温炸定形；砂锅预热，才能更好焖煮。

特　　蹼：青斑鱼肉质香嫩，味道浓香。

营　　养：青斑鱼的蛋白质含量高而脂肪含量低，除含有人体所必需的氨基酸外，还富含铁、钙、磷以及各种维生素。鱼皮胶质的营养成分，对增强上皮组织的完整生长和促进胶原细胞的合成有重要作用。

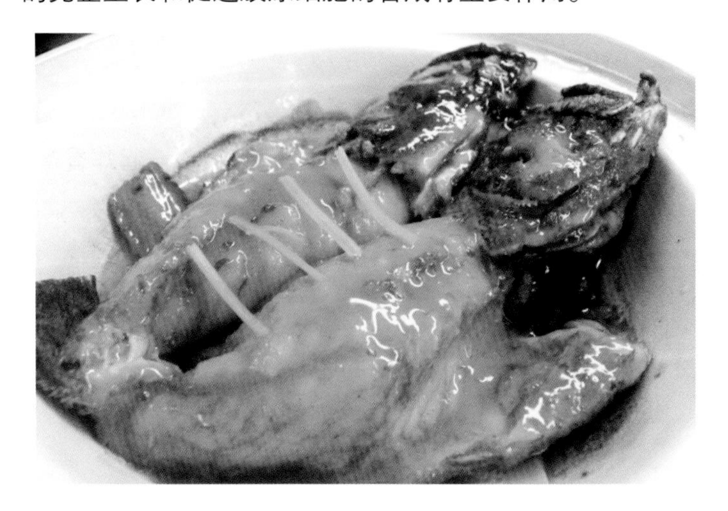

项目二十四 / 葱烧河鳗

主　　料：河鳗850克。

辅　　料：土豆250克、西蓝花30克、生姜30克、小葱50克、蒜头20克、彩椒5克、二汤180克。

调 味 料：味精13克、食盐3克、白糖15克、蚝油16克、老抽10克、海鲜酱50克、葱油10克、胡椒粉2克、加饭酒10克、食用油适量、生粉25克。

烹调方法：烧。

制作方法：1. 将河鳗宰杀洗净切1厘米的段进行腌制，彩椒、生姜切片，小葱切段，土豆去皮切块备用。

2. 热锅热油将河鳗段炸至金黄色捞起，土豆块炸好后垫入盘中，辅料炸香后捞起，西蓝花过开水备用。

3. 将炸好的河鳗段摆入盘中，锅内留余油加入二汤、其他调味料一起煮开后过滤，加生粉勾芡淋在河鳗段上，摆上西蓝花点缀，上桌前再次烧开即可。

操作要点：河鳗宰杀过程要注意不能让表皮破损。

特　　点：河鳗肉质鲜嫩，葱味十足。

营　　养：河鳗富含多种营养成分，具有补虚养血、祛湿等功效，是体虚、贫血等群体的良好营养品。

项目二十五 / 菌香灵芝豆腐

主　　料：灵芝豆腐1000克。

辅　　料：牛肝菌25克、上海青50克、生姜25克、小葱25克、蒜头25克、香菜20克、二汤2000克。

调 味 料：味精15克、食盐10克、冰糖10克、蚝油16克、辣鲜露25克、鸡粉15克、鸡汁10克、汤皇20克、菌菇汁25克、生粉25克。

烹调方法：煲。

制作方法：1. 将生姜、小葱、蒜头、香菜炸好，用纱布包好，灵芝豆腐切成正方体的豆腐块炸定形捞起沥干油分。

2. 二汤加入调味料进行调味，调成汤头加入炸好的豆腐块、牛肝菌煲入味，捞起备用。

3. 将煲好的豆腐块、牛肝菌摆入碗中，将汤头加生粉进行勾芡淋在豆腐上，上海青在汤中过开水后摆上即可。

操作要点：把握好炸豆腐的油温及时间。

特　　点：灵芝豆腐表皮无破损，菌香十足。

营　　养：菌类味甘能补，性平偏温，入肺经，补益肺气，温肺化痰，止咳平喘，常可治痰饮、形寒咳嗽、痰多气喘。

项目二十六 / 白炒龙虾

主　　料：澳洲龙虾850克。

辅　　料：水发香菇25克、红萝卜20克、小葱15克、蒜末10克、蛋清30克。

调 味 料：味精10克、食盐5克、白糖5克、芝麻油5克、生粉20克、食用油适量。

烹调方法：炒。

制作方法：1. 将澳洲龙虾去头取肉，将龙虾肉切成薄片，龙虾头尾蒸熟备用。

2. 香菇泡发后对半切开，红萝卜切象形花，小葱切马蹄葱，将切好的龙虾肉加入食盐、味精、白糖、蛋清、生粉搅拌均匀。

3. 热锅冷油，用低油温将龙虾肉拉油断生，锅内留余油炒香小葱、蒜末后将龙虾肉放入锅中进行调味翻炒均匀，加生粉勾芡淋上芝麻油即可。

操作要点：龙虾肉要提前泡冰水，这样口感才更佳。

特　　点：龙虾肉质鲜嫩洁白。

营　　养：龙虾肉质松软，营养丰富，含有脂肪、维生素、氨基酸及钙、钠、钾、镁等矿物质，龙虾中脂肪的含量比畜禽肉低得多，并能防止胆固醇在体内蓄积，容易被人体消化吸收。

项目二十七 煎爆海中宝

主　　料：澳洲带子10颗（约350克）、十头鲜鲍10颗（约500克）、明虾150克。

辅　　料：芥蓝200克、百合50克、鸡蛋50克、红椒片20克、姜片20克、蒜片20克、炸好碗状春卷皮1张。

调 味 料：XO酱30克、味精10克、食盐5克、生抽6克、白糖5克、鸡粉3克、食用油适量、黄油25克、生粉20克、葱油5克。

烹调方法：煎、爆。

制作方法：1. 将澳洲带子冲水后沥干水分，加入味精、白糖、鸡粉进行腌制后加入蛋黄、生粉搅拌均匀，平底锅加入黄油烧热将澳洲带子煎至两面金黄备用。

2. 鲜鲍去壳，切十字花刀加入姜汁、生粉进行腌制，用平底锅煎制至两面金黄，淋上少许生抽即可。

3. 明虾去壳留肉，用刀背剁碎加入少许生粉进行拍打起胶，百合取大小均匀的片涂上生粉，将虾胶酿入百合中，涂上蛋清进行煎制；芥蓝切斜段，过开水备用。

4. 平底锅烧热加入黄油融开，加入料头、XO酱炒香加入过开水的芥蓝和煎好的澳洲带子、鲜鲍、明虾快速翻炒，加入味精、食盐、白糖进行调味再次翻炒，最后淋上葱油亮色即可装盘。

操作要点：主料以海产品为主，炒时要特别注意时间的掌握，防止主料脱水严重，口感变差。

特　　点：菜肴海鲜味十足，干香可口。

营　　养：澳洲带子具有抑制胆固醇在肝脏合成和加速排泄胆固醇的独特作用，从而使体内胆固醇下降。鲍鱼中肌肉酶解物能提高人体运动耐力、应激能力和免疫功能。虾肉内锌、碘、硒等矿物质含量高，肌纤维细嫩，易于消化吸收。

项目二十八 / 煎焗紫菜干贝藕饼

主　　料：莲藕300克。

辅　　料：干贝丝25克、蒜白30克、马蹄30克、肥膘肉25克、紫菜30克、红椒15克、面粉50克、蛋黄30克、西芹40克。

调 味 料：味精15克、蚝油8克、白糖5克、白醋20克、鸡粉5克、黄油25克、猪油25克。

烹调方法：煎、焗。

制作方法：1. 将去皮莲藕、蒜白、马蹄、肥膘肉切粒；红椒切段；紫菜用烤箱低温烤脆，捏碎备用。

2. 把莲藕、蒜白、马蹄、肥膘肉、干贝丝、紫菜、面粉、蛋黄搅拌均匀加调味料进行调味，压成大小均匀的藕饼。

3. 西芹去皮洗净，切菱形片，加入生抽、红辣椒、白糖、白醋浸泡备用。

4. 平底锅烧热加入少许黄油、猪油，融化后将藕饼放锅中煎至两面焦香，用吸油纸吸掉多余的油分摆入盘中，放入泡入味的西芹即可。

操作要点：煎藕饼时最好提前定形，可以加快煎制的速度，口感更脆爽。

特　　点：干香爽脆，造型美观。

营　　养：莲藕中含有丰富的蛋白质、淀粉、维生素C、维生素K、天门冬素、氧化酶等成分，具有开胃健脾、益气养心、生津止渴、消食等功效。

项目二十九 / 金汤青斑鱼

主　　料：青斑鱼750克。

辅　　料：水晶饺250克、杭椒30克、红椒30克、南瓜汁40克、二汤200克。

调 味 料：味精15克、食盐5克、白糖2克、鸡汁5克、生粉50克、食用油适量。

烹调方法：炸、煮。

制作方法：1. 将青斑鱼去鱼鳞、内脏洗净后切斜刀，杭椒、红椒切小段，蒸熟水晶饺备用。

2. 热锅冷油将青斑鱼低温泡断生后捞起沥干油分摆入盘中，将蒸熟的水晶饺整齐地摆在青斑鱼两边。

3. 锅内留余油炒香杭椒、红椒，加入南瓜汁、二汤煮开后，放入味精、食盐、白糖、鸡汁进行调味，加生粉勾芡淋在青斑鱼上即可。

操作要点：鱼肉要切斜刀，这样更好入味，用高温炸定形。

特　　点：青斑鱼肉质细嫩，极易消化。

营　　养：青斑鱼富含蛋白质、维生素A、维生素D、钙、磷、钾等营养成分，是一种低脂肪、高蛋白的食用鱼。